JN077119

おさえておきたい

エクステリア工事の不具合事例と対策

アルミ関連製品・照明機器

一般社団法人 日本エクステリア学会 編著

建築資料研究社

出版に寄せて

日本の住まいには“庭づくり”という伝統があり、造園という名の業種が古くから存在して、住宅の外部空間づくりを担ってきました。しかし、近年、住まいを取り巻く環境は大きく変化し、従来の“庭づくり”だけでは快適な外部住空間は実現できなくなってきています。住まいの敷地内だけではなく、街づくりや景観など公共的空間や持続的な自然環境の視点も加えて住環境を捉える必要が出てきました。

こうした背景から、総合的に外部住環境を捉える“エクステリア”という概念が生まれました。全国の自治体などでも、「街づくり条例」や「景観条例」などの名称で街並み景観や街づくりを意識したエクステリア計画が進められています。そして、「エクステリア工事」などの名のもとに、全国で多くの方々がエクステリア分野に参画し、外部住空間の計画・設計および施工に携わるようになっています。

しかし、“エクステリア”という言葉が意味するところの理解も含めて、現状は「エクステリア工事」の計画・設計や施工についての確たる基準・指針などの拠り所が明確に示されないまま進められているといえ、設計や施工の整備が求められています。

このような問題意識を持つ有志が集い、「エクステリア品質向上委員会」の名のもとに活動を始め、この委員会活動を前身として2013年4月に「一般社団法人 日本エクステリア学会」が発足しました。本学会では現在、エクステリア業界に関係する多くの人々の参加を募りながら、エクステリア分野における基準の整備やエクステリアについての知識の普及の一環として、技術委員会、品質向上委員会、歴史委員会、製品開発委員会、植栽委員会、製図規格委員会、街並み委員会、国際委員会を組織して活動しています。そして、2014年より活動の成果を順次書籍としてまとめ出版してきました。今回の『おさえておきたいエクステリア工事の不具合事例と対策　アルミ関連製品・照明機器』は本学会が上梓する書籍として8冊目になります。

これまで本学会が上梓した書籍の中には、エクステリアや造園、建築分野に従事し、植物や植栽などの研究、エクステリア製品分野の開発などに携わってきた多くの先人・先輩の業績や技術、知見、研究が凝縮されています。技術や知識は一朝一夕には完成できないもので、多くの方々が関わる中で常に更新と進歩を繰り返していくものです。今回、本書を上梓するにあたっても、改めて多くの先人・先輩に感謝するとともに、私たちが編集した書籍がエクステリアに関わる人々に広く資するものであることを願い、また、エクステリアの技術や知識の正統な継承や、たゆまぬ進歩と発展につながることを期待しています。

2023年2月吉日

一般社団法人　日本エクステリア学会　代表理事　吉田克己

はじめに

エクステリアは「壁と土間」の空間デザインともいわれます。壁や土間のマテリアルは自然素材と人工素材に大別され、自然素材は樹木、石材、金属など、人工素材はコンクリート、鋼材、樹脂、セラミックなど、様々なものが用いられています。

鉄の門扉やフェンスの規格化による大量販売が1960年代に開始され（帝都建鉄など）、1970年代には鉄からアルミニウムへの流れを東洋エクステリア（現LIXIL）などがつくり、「外構・外柵」から「エクステリア」という言葉に置き換わりながら、その流れが加速され、エクステリア産業の夜明けが始まりました。それから約半世紀が経過し、エクステリアという言葉は一般の人々にも認知され、材料や製品も多様化し、現在ではデザイン性の高いものが市場に多く出回るようになっています。例えば、カーポートやテラスは、その形状から柱位置、支持方法にも様々なタイプが開発されています。囲障部分の塀も材料や工法・構法の開発、デッキなども自然素材から人工素材への変化などが見られます。

このようなエクステリア業界を取り巻く状況の変化を踏まえて、本書ではアルミニウムを中心とした金属製品や樹脂製品にベクトルを合わせてまとめました。エクステリアの変遷と材料・製品の変化、製品の基本的知識、部位別の不具合事例、メンテナンスの方法などを中心に構成しています。また、エクステリア空間における照明にも注目しています。以前は防犯・安全という機能が中心でしたが、最近はファサードを含めた外部住環境の光の演出というテーマも重視される傾向を踏まえ、照明機器についても触れています。

付録として、カーポートとテラス屋根などの建築面積計算方法について、行政機関に対するアンケート調査の結果も報告しています。様々な形状や支持方法のカーポートやテラス屋根の製品が発売されているなかで、建築面積の判断基準の主体である「高い開放性を有する構造の建築物」（1993年旧建設省告示1437号）に対する行政機関の現状の考え方は、参考になるのではないかと思います。

門扉・フェンスなどのアルミニウム製品、様々な樹脂製品、照明機器などの計画・施工・メンテナンスについて、施工のクオリティーやコンプライアンスへの対応を含め、本書がエクステリア業界関係者各位の参考になれば幸いです。

本書の出版にあたり、資料・情報提供をご快諾いただいた方々、本学会本部の方々、出版社、全員が執筆に携わった関西品質向上委員会メンバーの皆様に心より謝意を申し上げます。

2023年2月吉日

一般社団法人日本エクステリア学会　関西品質向上委員会

メンバーを代表して　委員長　藤山 宏

日本エクステリア学会　関西品質向上委員会

藤山 宏	有限会社造景空間研究所	赤坂泰一	ハート・ランドスケープ
浅井滋成	株式会社ワイズ	上田純次	三協立山株式会社
太田康介	株式会社ユニソン	岡田武士	株式会社ユニマットリック
佐々木健吉	パナソニック株式会社	山田臣次	株式会社庭ファン

目次

第3章　エクステリア製品の不具合事例と原因、処置、対策

門まわり

境界部

車庫まわり

庭まわり

全般

第4章　長く安全に使うためのメンテナンス方法

付録　エクステリア製品の建築面積計算方法に関する調査

エクステリアの変遷と、金属を中心とした材料の基本的知識

1-1　エクステリアにおける住環境および製品の推移

門扉、フェンス、カーポートなど現在のエクステリア製品は多種多様であるが、その変遷を第二次世界大戦後の高度経済成長と住宅建設が激増した1960年代からたどることで、現在求められているエクステリア製品の用途と材料などを整理する。エクステリアの歴史の背景には、生活様式の変化や趣向の多様化があり、それに応じた製品の開発が進み、さらに近年のアルミニウム系製品の台頭など、素材、資材の変遷を見ることができる。

1-1-1　1960～1970年代　エクステリア製品や専業業者の登場以前

戦後の高度経済成長期（1954～1973年）には、東海道新新幹線の開業（1964年）、東京オリンピック開催（1964年）などの華やかな出来事があった反面、水俣病（1956年被害公式認定、1968年公害病認定）ほか公害による環境汚染などの負の部分も明らかになっていく。一方、都市部においては高層マンションの建設が始まった。

戦後の住宅づくりは量の確保が第一で、当時の日本住宅公団（1956～81年）によるアパート（いわゆるDK住宅）が羨望の的となり、戸建住宅については一般的には門や塀まで考える（予算を配分する）ことが少なかったといえる。この時期に現在の住宅メーカーといわれるような建築業者が創業し、1970年までには現在の大手住宅メーカーの顔ぶれが出揃い、在来木造系から鉄骨系、ユニット系、2×4など、構法およびデザインを含めて多彩な住宅建築が登場し

1960～1970年代のエクステリア

入母屋風建築の門まわり。和風門、漆喰の瓦塀、「門冠り」の見越しの黒松が粋な感じさえ与えている

大谷石の角柱と石塀および左官仕上げの構成で、鍛冶屋（鉄工所）による鉄製扉はオーダー仕様

和風入母屋建築ではあるが、鉄平石木端積み門柱で陸屋根仕様。鉄製門扉と門まわりに新しい動きが見てとれる

洋館の門まわりでスパニッシュ瓦を笠木として上手く利用している（照明・ポストは後付け施工）

てきた。エクステリアに関しては、一般に「エクステリア」という用語もなく、資金に余裕のある一部の人が建築の一環として「エクステリア」をつくった。設計・施工に関しては、大工などの職人が和風の門をつくり、左官職人やブロック職人が塀をつくり、石工職人などが石を積んだり張った後に、植木職人（造園業者）が庭工事を行っていた。

自動車の保管場所の確保等に関する法律（保管場所法）が1962年に制定され、車庫の確保が義務付けられたが、乗用車もそれほど一般化していなかったため、当時の一般的なエクステリアは、敷地の外周を囲障で囲うことで、主に境界の明確化を行っていた段階といえる。ただ、高度経済成長期のなか、「衣食住」の住まい（住宅）に対する様々な動きが活発化しており、鉄を素材とした門扉やフェンスの開発・販売を行う帝都建鉄工業の設立（1964年）などもあり、現在のエクステリア業界にとっての黎明期といえるだろう。

1-1-2　1970～1980年代　住宅市場の好況とクローズ外構

現在の大手住宅メーカーがほぼ出揃ったなか、行政サイドからはプレハブ化の促進として「住宅産業振興計画」(1971年)などが策定され、プレハブ住宅の質的向上とローコスト化を目的とした旧通産省・旧建設省の「ハウス55計画」（1976年、昭和55[1980]年を目標に500万円代の住宅の実現を目指す計画）とも相まって、プレハブ住宅メーカーのシェア拡大を後押しした。

また、国土利用計画法の制定（1974年）などにより、住宅地開発に対する諸規制がかかり始めたことで、日本住宅公団、地方自治体、民間デベロッパーなどにも住宅における環境づく

1970～1980年代のエクステリア

一般的なクローズ外構。駐車場スペースの扉を含めて同じデザインと色のアルミ鋳物を使用して一体感を表現

硬質塩化ビニール波板屋根材の合掌タイプカーポート屋根と、伸縮門扉両開きの組合せ

縦列駐車のクローズ外構で、駐車場スペース扉は伸縮門扉を使用。壁面を含めて全体を白でコーディネート

自然石積み上部は門柱と同じタイル張り。扉と同じデザインの鋳物フェンス、伸縮門扉による和洋折衷タイプ

り、街づくりという意識が働き始めた時期ともいえる。

エクステリアに関しても住宅着工戸数の増加に比例して、全国規模の市場創造や事業展開が生まれた。スチールの門扉やフェンスの規格化など、エクステリア製品の大量販売を行うメーカーが出始め、アルミニウム製品のメーカー参入後の1980年代には、鉄からアルミニウムへと需要の変化も起こった。門扉もスチール、アルミニウム形材、アルミ鋳物などの新しい素材の製品がメインとなり、用途や形状・デザインも人用・車庫用それぞれに様々なものが出始めた。

当時の乗用車の所有台数は一家1台が中心で、いわゆるクローズ外構が一般的なタイプといえた。塀などで用いるコンクリートブロックにも、表面加工や彩色を施して付加価値を高めた化粧ブロックが出始め、金属とブロックという基本資材が牽引する形で、エクステリアという概念における草創期であったといえる。

1-1-3　1980～1990年代　街並みへの意識

1980年代に入ると日本経済の安定成長にともなって物質的な側面がある程度満たされたため、「量から質への転換」などのいわゆるソフト化トレンドが強くなる。そのなかで、経済発展と比較した住生活の貧しさが指摘され、住生活の向上を図る各種施策が動き始めた。

また、住環境に対してランドスケープ的な視点から推進された旧建設省の「都市景観形成モデル事業」(1983年)、旧環境庁の「快適環境整備計画（アメニティタウン計画)」(1984年)などのモデル事業は、エクステリアが個々のエクステリアとしてだけでなく、街並みの一環と

1980～1990年代のエクステリア

同じデザインの門まわりを用いた共通外構の導入による街並みづくり。駐車台数も2台となり、オープン外構主体

街並みづくりのマテリアルとして、樹木や草花の「緑」が多用されはじめ、道往く人にも配慮した計画が増える

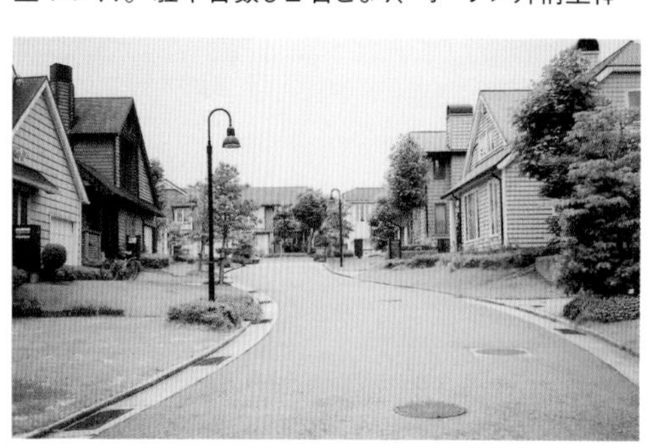
輸入住宅による街並みも各地で見られ、住宅のデザインの多様化とともに、エクステリアへの意識も大きく変化

駐車台数が増えるに従い、1台分しか想定していない敷地には、上下2台の立体駐車装置も一部に見られる

しても重要性が認識され始めたといえる。エクステリアもそれまでのクローズ外構一辺倒ではなく、乗用車の所有台数の増加やトータルコーディネートという視点を含め、いわゆるオープン外構が街並みづくりとして各地に広がっていった。その主な舞台は共同分譲住宅であった。

エクステリア製品にも新しいデザインが出てきた。例えば、乗用車の所有台数が増えたことで駐車スペース用の扉幅が5～6m必要となり、伸縮式扉や跳ね上げ式扉などが開発された。素材でも金属系、コンクリート系、輸入煉瓦などの土間舗装材も含めて製品開発が活性化した。また、オープン外構の構成材として、街並みにつながるフロント部分に緑（植栽）が重要なアイテムとして用いられ始め、駐車スペースの土間デザインなども重視され始めた時期といえる。

1-1-4　1990～2000年代　アウトリビング化とガーデニング

バブル経済の崩壊後は、住宅の着工件数も頭打ちの状況となったが、住宅の品質は格段に向上すると同時に、エコロジー（生態系）など地球規模的な環境問題に対応するような考え方が強くなり始めた時期といえる。旧建設省の「環境共生住宅研究会」（1990年）の設置を受けて、住宅メーカーでも環境共生対応商品が開発され、ユーザー（生活者）の建物に対する考え方、志向も変わり始めた。

エクステリアにおいても住宅の洋風化とも相まって、アウトリビングとしてのより良い外部住空間を求める意識が顕著になったといえる。ウッドデッキ、ガーデンルームなどのアウトリビング空間に直結する製品において様々な提案と開発が始まったといえる。

1990～2000年代のエクステリア

3台分の駐車スペースを確保しつつ、煉瓦や塗壁を主としたオープン外構。自然樹形の樹木や草花を多用

エクステリアの基本部材であるブロック、扉やフェンスなどの金属製品がほぼないガーデニングが主体の庭

来客用駐車スペースの土間に緑化ブロックなどを使用し、車がない時の見せ方にも配慮している

アウトリビング空間としての広いタイルテラス。庭の使い方も大きく変わる

また、花、緑、自然などをテーマとした「国際 花と緑の博覧会」(1990年、大阪市)が開催されたことで、イングリッシュガーデンなどに代表されるガーデニングブームが一気にエクステリア空間の新しい扉を開き、今までの鑑賞本位の庭から、個々のライフスタイルに応じた生活を楽しむための庭へと大きく変貌する。その延長線上に、煉瓦、枕木、樹木、草花といった自然素材を多用した柔らかい曲線を持つエクステリア(ナチュラル系などと呼ばれる)が各地で見られ始め、エクステリア関連の製品や資材も輸入品を含めて一気に増え始めた時期といえる。

1-1-5 2000～2010年代 製品・資材の多様化

バブル崩壊後の低迷した経済状況からようやく抜け出す2005年以前は、住宅着工戸数の先行不安もあり、住宅メーカーの淘汰などがみられ、住設建材業界もグループ形成による再編化の方向に移行しはじめた。

エクステリアについては、ハウスメーカー、一部の工務店も含めて、外注の外構業者まかせではなく、建物と外部住環境(エクステリア・ガーデン)を含めたトータル提案が増え始めた。このような意識の変化は、エクステリアの認知度、重要度がより高まってきた証しともいえる。

エクステリア関連の情報も雑誌やインターネットの普及によって広まり、消費者個々のライフスタイルに応じたオリジナリティーのある製品が求められるようになった。表札(サイン)、ポストなどを中心に壁材、土間材の新しい製品が多く発売され、個々のデザインに対応したカラーや資材などの選択の幅が広がるとともに、ローメンテナンス対応製品などの性能の違いに

2000～2010年代のエクステリア

煉瓦、曲線、塗壁、鍛鉄風扉などナチュラル系の特徴を網羅した門まわりは、根強い支持がある

モダン系住宅分譲地。建物壁面にパステル調の色の変化をつけ、インタホーン、ポストなどは全て建物組込み

ナチュラルモダン系の分譲で、枕木による土留めや、サッシまわりの木材で、ナチュラル感を演出している

重量感のあるクローズ外構も健在である。門からシャッターまわりを含め、RC構造下地に石張り壁面仕上げ

よる選択肢も増えていった。

明るく開放的なデザインも根強いなか、団塊世代ジュニアの若い住宅取得者層を中心に、都会的なデザイン（モダン系と呼ばれる）の住宅エクステリアが増えたのも特徴といえる。

1-1-6　2010年以降　ファサードデザインとライティング

エクステリア業界の草創期ともいえる1970年代から約半世紀が過ぎ、新築住宅着工戸数もピーク時の150～180万戸から、2010～2020年は80～90万戸と約半数に減少した。

一方で、新築住宅は減少したが、リフォーム・リノベーションという需要が増加し、エクステリア市場も新築に加えて新たなリノベーション市場向けの製品開発が顕著になった。

新しいファサードプランとしては、アルミ汎用材を利用した柱・梁フレームやスクリーン、パネルなどをベースにしながら、雑木の自然樹形を活かした緑の演出やライティング効果による演出が増えている。また、カーポート屋根やテラス屋根などの天井材の仕様もグレードアップが図られ、より建物との一体感や高級感を醸し出す製品が増えている。

庭の使い方などにしても、単なるアウトリビング志向にとどまらず、プールを設置してリゾート感覚を取り入れたもの、ラグジュアリーな空間演出に繋がる製品や外部用ファニチャーなど、これまでになかった多様な製品が揃ってきた。一方で、AIや人工知能が身近になったこの時代において、人と車の関係、働き方改革、エネルギー変革、医療改革などにより人々の生活に変化が起こり、それにともないエクステリアにも良い影響がおよぶことを期待したい。

2010年以降のエクステリア

柱と梁によるアーチと、スクリーンなどのアルミ汎用材に各種パネルを組み合わせたファサードデザイン

安心・防犯に加えて、演出としてのライティングも定着しはじめた。自然樹形の樹木を効果的に演出している

控壁不要の構造や各種アルミ塀は、塀の小口もすっきりした形状で、自然樹形の樹木との相性もよい

車の動線を活かした壁面と石張りの植栽枡のフォルムが印象的であり、落葉高木が全体をまとめている

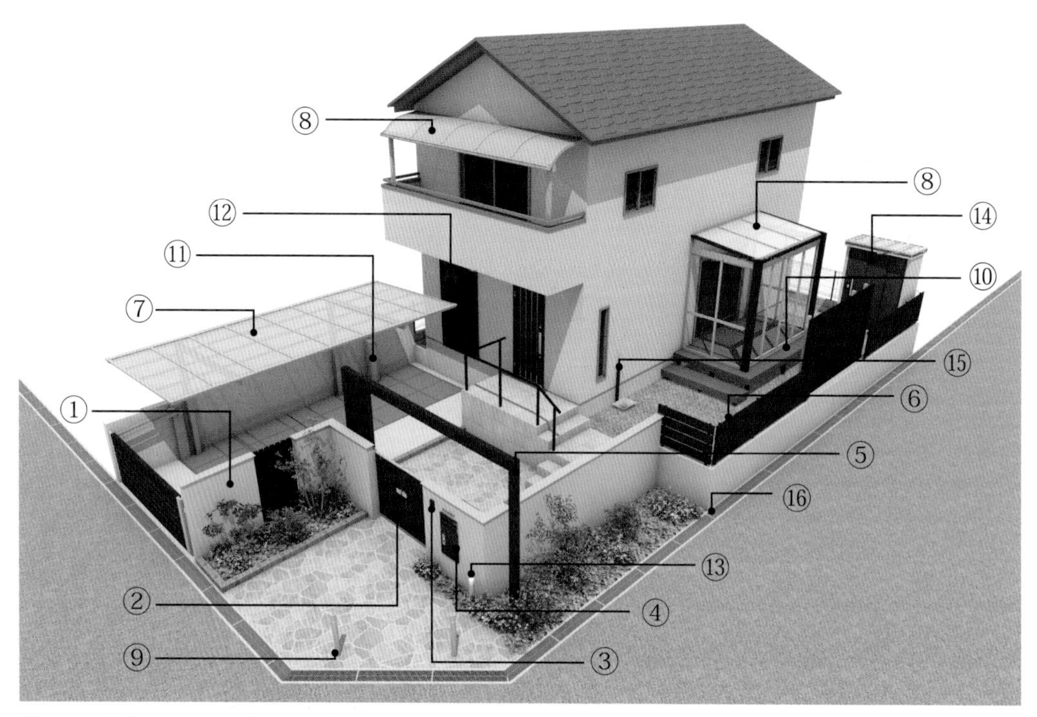

図 1-1　住宅エクステリア製品の分類

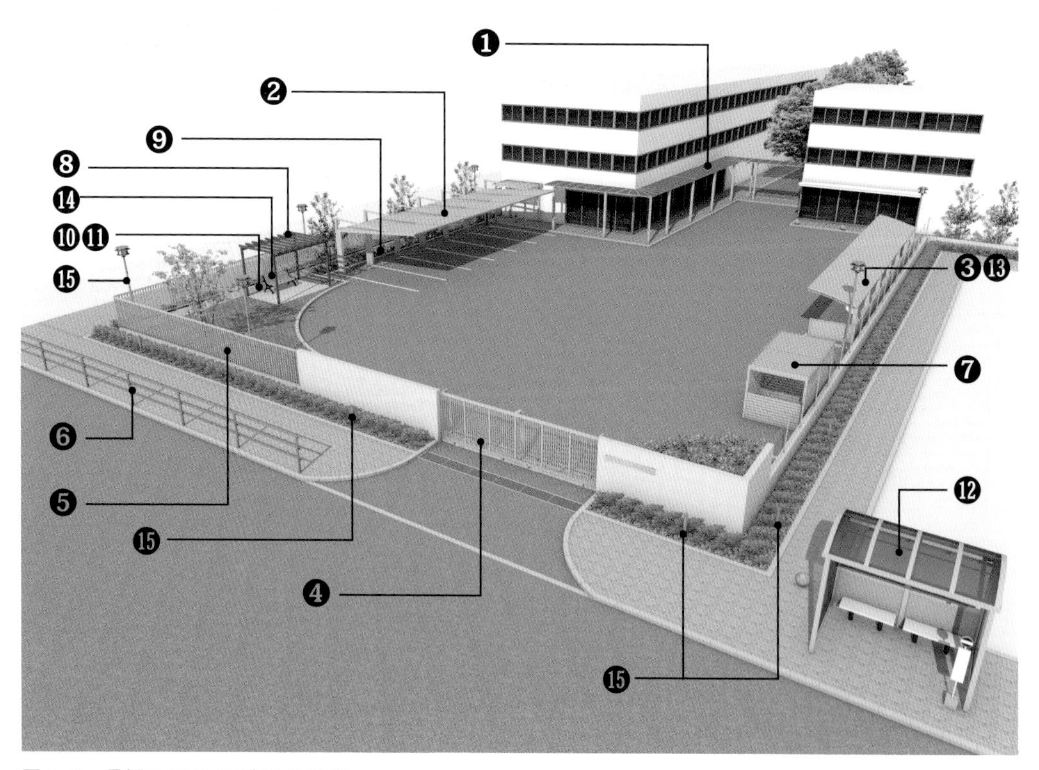

図 1-2　景観エクステリア製品の分類

1-2　現在のエクステリア製品の分類

エクステリア製品については現在、様々な目的、用途で用いられているが、大分類としては、戸建住宅や集合住宅を含む「住宅エクステリア」製品と、各種施設など大規模な建築物などに使用される「景観エクステリア」製品に分けることができる。さらに、それぞれ用途や使用部位別に名称（呼び名）を含めて整理したのが図1-1、2である。

なお、名称などについてはエクステリアメーカー各社によって微妙に違う部分もあるので、一般的な表現にとどめている。

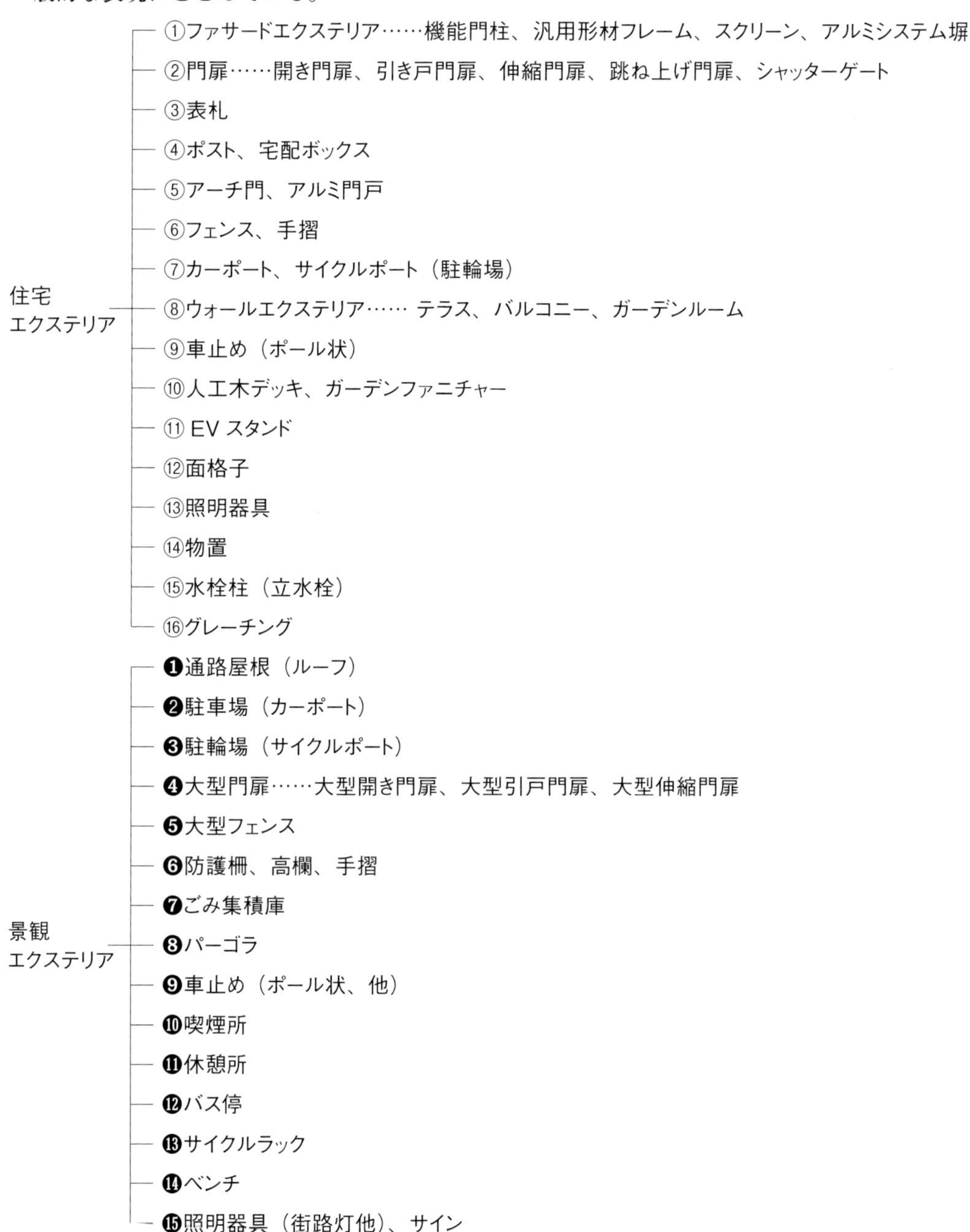

1-3　金属系材料、樹脂系材料の基本的知識

現在のエクステリアでは、住人や利用者の趣向に応じて製品に様々な材料が用いられているが、全体としてはアルミニウムなどの金属系材料と樹脂系材料の占める割合が多くなってきた。それらは、門柱やフェンス、カーポートほか、様々な用途で使われている。

金属系材料は鉄（鉄鋼）とそれ以外（非鉄金属）に分類される。非鉄金属は、鉄にはない様々な優れた特徴を持ち、このうち銅、アルミニウム、鉛、亜鉛、錫（すず）の5種類をコモン（ベース）メタルと呼んでいる。エクステリア製品では鉄と、鉄と非鉄金属（クロム、ニッケル、特殊金属）の合金であるステンレス、そしてアルミニウムが主に使われている。

樹脂系材料は、塩化ビニール、ポリカーボネートほか多種にわたるが、それぞれJISにより規定された製品品質が確保されている。

ここでは、本書に関連する金属系材料と樹脂系材料の基本的な知識と特徴をまとめておく。

1-3-1　アルミニウム合金

A　種類・分類・呼び名

アルミニウム地金は天然資源のボーキサイトという鉱石を原料にして、アルミニウムと酸素の化合物であるアルミナ（酸化アルミニウム）を抽出してつくられる。これにマグネシウム（Mg）などを添加することで強度や耐食性が向上されたアルミニウム合金となる。

アルミニウム合金は現在、航空機（ジュラルミン）から建築、日用品のあらゆる分野で使われている。建築構造部材やエクステリア部材としての利用も、2004年に国土交通省告示第410号（アルミニウム合金造の建築物又は建築物の構造部分の構造方法に関する安全上必要な技術的基準を定める件）で可能となり、それ以降は同告示の構造基準をクリアした簡易カーポートなどが、建築確認申請対象製品として開発されている。

アルミニウム合金の種類は、塑性加工に適する展伸用合金と金型鋳造やダイカスト用の鋳物用合金がある。鋳物用合金とは、アルミニウム合金を高温で溶かし、砂型や金型などの鋳型に流し込んで製造するアルミ製の製品をさし、アルキャストともいわれる。さらに、そのまま製品とする非熱処理形と、時効処理などの熱処理を施す熱処理型に分類できる（図1-3）。

アルミニウム合金の表示法は、JIS（日本産業規格）により図1-4、5のように規定されている。展伸用合金の表示では、アルミニウムを示す「A」の後に4桁で合金番号が記され、最初の数字で主な添加金属の種類を示している。このうち、Mg（マグネシウム）とSi（シリコン）が添加された6000系のアルミニウムは、強度、加工性、耐食性、溶接加工性に優れた合金で、押出加工性が良く、板、アングルなどの形状に対応し、建築用サッシやエクステリア製品などに使われる（表1-1）。

B　特徴

アルミニウム合金の特徴をまとめると次のようになる。

- 施工性……アルミ汎用材を利用した柱と梁のフレーム構造の構造物では、RC造（鉄筋コンクリート造）やS造（鉄骨造）では実現できないような部材寸法での施工が可能になる。
- 耐食性……一般大気中で耐食性のよい酸化被膜が自然に形成されるため、優れた耐食性を持つ。

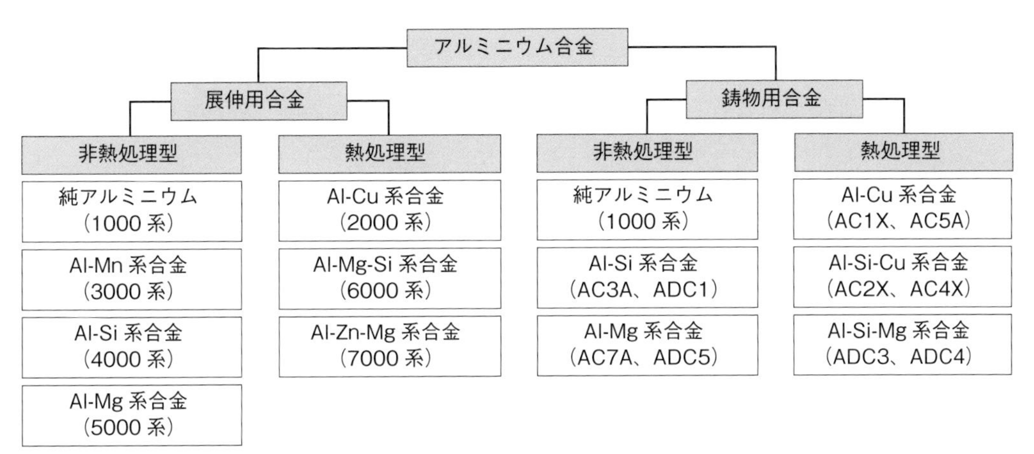

図 1-3　アルミニウム合金の種類

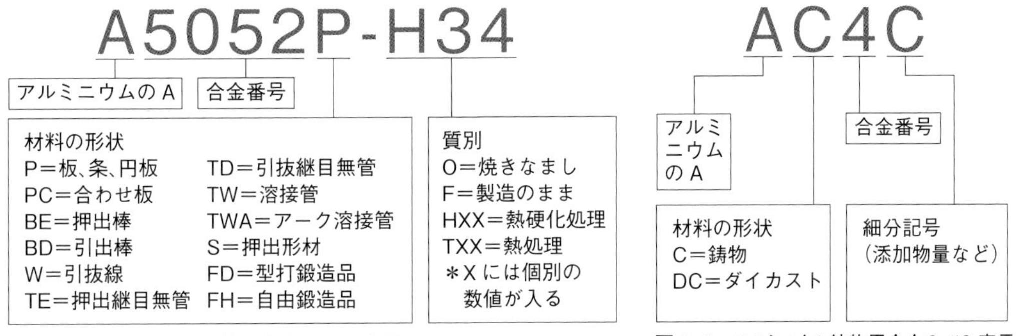

図 1-4　アルミニウム展伸用合金の JIS 表示

図 1-5　アルミニウム鋳物用合金の JIS 表示

表 1-1　アルミニウムおよびアルミニウム合金の種類と性質
（日本アルミニウム協会「建築用アルミニウム板材ご利用の手引き」より作成）

種類（JIS 番手）	主な添加元素と性質	代表的合金	主な用途
純アルミニウム系（1000 系）	純度 99.0%以上のアルミニウムをいい、耐食性、熱や電気伝導性、溶接性、加工性がよい	1050 1100 1200	壁用役物、カーテンウォールパネル、各種タンク、家庭用品
Al-Cu 系合金（2000 系）	Cu（銅）を添加した熱処理合金系で、軟鋼に匹敵する強度を有するが、耐食性は、中程度である。この系内にジュラルミン（2017、2024）がある	2017 2024	ピストン、プロペラ、強度材、自転車部品
Al-Mn 系合金（3000 系）	Mn（マンガン）を添加した非熱処理合金系で、強度は中程度であるが耐食性はよい。成形性、溶接性もよい	3003 3004 3005	屋根材、壁材、板建材、家庭用品、アルミ缶胴
Al-Si 系合金（4000 系）	Si（シリコン）を添加した非熱処理合金系で、溶融点が低い。ブレージング皮材、溶加材として使用される。アルマイト処理をすると灰黒色に発色する	4042 4043 4343	カーテンウォールパネル、溶加材、ブレージング皮材
Al-Mg 系合金（5000 系）	Mg（マグネシウム）を添加した非熱処理合金系で、強度があり、板金加工性、溶接性がよく、とくに海水に対する耐食性に優れる	5005 5052 5182 5083	屋根材、板建材、乗用車、鉄道車両、海上コンテナ、船舶、各種タンク、ブラインド
Al-Mg-Si 系合金（6000 系）	Mg（マグネシウム）、Si（シリコン）を添加した熱処理合金系で、高い強度を有し、しかも押出性のよい合金である。アルミサッシは 6063 である	6061 6063	アルミサッシ、成形建材、建築構造材、乗用車、車両構造材
Al-Zn-Mg 系合金（7000 系）	Zn（亜鉛）、Mg（マグネシウム）を添加した熱処理合金系で、最高の強度をもつ合金がある。中でも三元合金（7N01、7003）は溶接性に優れ、溶接部の強度が高い	7N01 7003 7075	車両構造材、建築構造材、航空機、バット

●加工性……展伸性に富むため、板、棒、箔、管、線、形材など様々な形状の製品への加工が容易にできる。また、切削加工なども容易であり、極めて広い用途での利用ができる。
●鋳造性……溶融点（660℃）が鉄の約半分以下のため、流動性が良好である。
●比強度……アルミニウムの比重は2.7で、鉄（7.8）や銅（8.9）の約1/3であり、添加元素を加えて合金にすると強さが倍増するので比強度が高くできる。そのため、建築・土木の分野においても構造物の軽量化に貢献している（図1-6）。
●選択範囲の広さ……合金の種類や質別により、引張強度は68～588N/mm^{2}程度と異なるため、用途に応じた適切なものを選ぶことができる。エクステリア関連はアルミ押出形材（JIS A 6063）が主として用いられている。

1-3-2　ステンレス鋼

A　種類・分類・呼び名

ステンレス鋼とは鉄を主成分とした合金鋼であり、ISO（国際標準化機構）によると炭素を1.2%（質量パーセント濃度）以下、クロムを10.5%以上含む鋼と定義されている。合金の比率や熱処理などにより様々な種類があるが、成分系から大きくFe-Cr系（クロム系）とFe-Cr-Ni系（ニッケル系）の2つに分類される。さらに他元素の添加によって常温における金属組織が変わり、その組織の違いで大別すると、マルテンサイト系、フェライト系、オーステナイト系、オーステナイト・フェライト系、析出硬化系ステンレスに分けられる。

JIS規格では「SUS304」「SUS430」などの記号で表記される。この「SUS」とはステンレス鋼材の規格で「Steel Use Stainless（ステンレス鋼）」の意味。「SUS」に続く3桁の数字は、最初の文字は鋼種の大分類を表しており、以下の4種類が存在している。

200番台：Fe-Cr-Mnオーステナイト系ステンレス鋼
300番台：Fe-Cr-Niオーステナイト系ステンレス鋼
400番台：Fe-Crフェライト系及びマルテンサイト系ステンレス鋼
600番台：析出硬化系（PH）ステンレス鋼

ステンレス鋼の種類と特徴を表1-2にまとめておく。建築、エクステリア構造材としては、SUS304、316が使用されるが、その強度を表1-3に示す。

B　特徴

ステンレス鋼の特徴をまとめると次のようになる。

●耐食性……英語ではStainless Steels（stain：汚れ、しみ）といい、「サビない」という意味がもともとの語源であるように、耐食性に優れていることが一番の特徴である。添加物のクロムが酸素と結合して鋼の表面に不動態被膜（酸化被膜）を形成することで、サビの進行を止めている。
●高強度……強度については熱処理や構成元素によっても異なるが、一般的には鉄に炭素を加えているので強度の高い材料といえる。
●耐熱性……一般的には500°C位までであれば引張強度には支障はないとされ、建築材料などの視点から見ると特に問題はない。

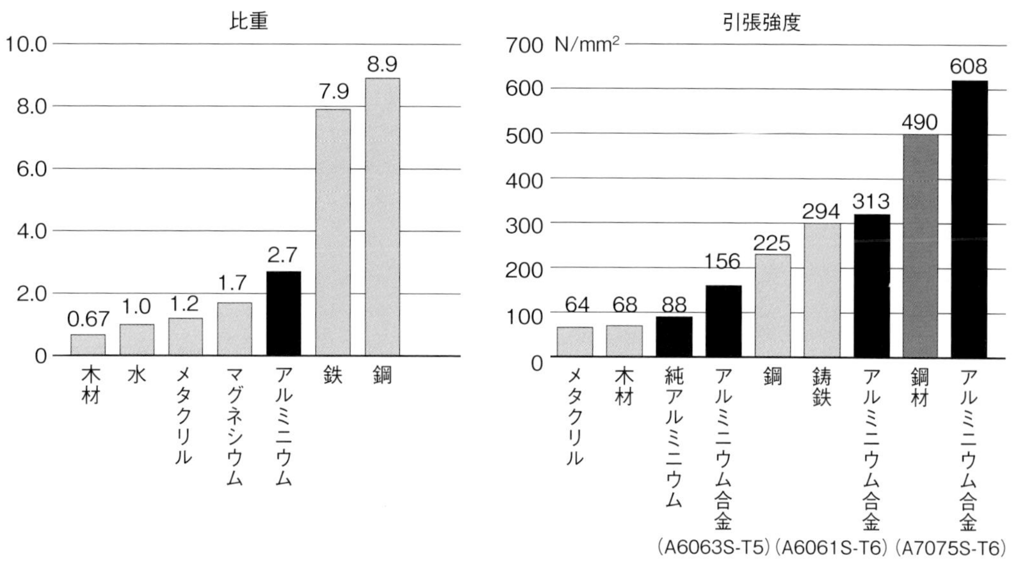

図 1-6　主な素材の特性（日本エクステリア工業会「バルコニー施工技能検定ガイドブック」より作成）

表 1-2　ステンレス鋼の種類と特徴

種類	代表的な鋼種	特徴
クロム系／マルテンサイト系	SUS410 SUS403	熱処理によりマルテンサイト組織が形成され、硬度が高いステンレス鋼といえるが、他の種類に比べると耐食性は劣る。こうした性質から強度や硬度が求められるモノや高温にさらされる製品に利用。具体的には刃物、ノズル、タービンブレード、ブレーキディスクなど
クロム系／フェライト系	SUS430	常温でもフェライト組織が形成され、クロムのほかにモリブデンや銅など様々な合金が性能向上のために添加されるので、様々な鋼種がある。耐食性は他のステンレス鋼と比べて多少劣るが、比較的安価といえる。建築の内装などにも使われる
ニッケル系／オーステナイト系	SUS304	クロムニッケル系のステンレス鋼で、ニッケルとクロムという 2 つの成分が加わることにより、酸化膜の密着力が上がるためにサビに強く、耐熱性も上がる。マルテンサイト系、フェライト系よりも耐食性、加工性、溶接性も優れているため、最も利用領域が広いといえる
オーステナイト・フェライト系	SUS329J1	常温でオーステナイト組織とフェライト組織とが混在するステンレス鋼で、耐食性があり、強度が高い。貯水槽、プラントなどに利用
二相系／析出硬化系	SUS631	アルミニウム（Al）、銅（Cu）などの元素を少量添加し、熱処理によってこれらの元素の化合物などを析出させて硬化する性質を持たせたステンレス鋼。非常に高い強度と耐食性を有する。バネ、スチールベルト、シャフトなどに利用

表 1-3　SUS304、316 の強度

鋼種	0.1%耐力 (N/mm^2)	引張強さ (N/mm^2)	降伏比 (%)	伸び（%）	
				4号、5号、12号、13 号試験片	14 号試験片
SUS304A SUS316A	235 以上	520 以上	60 以下	40 以上	35 以上
SUS304N2A	325 以上	690 以上	60 以下	35 以上	30 以上

1-3-3　鉄（鋼材）

A　種類・分類・呼び名

鉄鋼材料は炭素含有量によって強度をはじめとした特性が変化するため、JISでは炭素含有量が0.02％程度までを「純鉄」、約2％以下だと「鋼」、約2％を超えると「鋳鉄」と区分している（JIS G 0203:2009）。炭素含有量が多いと材料の硬さが増すが、硬さが増すほど一定限度を超えた力が加わったときに折れやすくなる。

また、添加元素の種類によるJISの分類では、炭素（C）、ケイ素（Si）、マンガン（Mn）、リン（P）、硫黄（S）を含有する普通鋼と、炭素含有量を規定して、クロム（Cr）、ニッケル（Ni）、モリブデン（Mo）などを添加した特殊鋼に分けられる。普通鋼はJISのSS材（一般構造用圧延鋼材）、SM材（溶接構造用圧延鋼材）、SN材（建築構造用圧延鋼材）、SMA材（溶接構造用耐候性熱間圧延鋼材）などがあり、それぞれ次のような特徴がある。

- SS材（JIS G 3101:2017）……建築に限らず広く用いられる鋼材
- SM材（JIS G 3106:2015）……SS材よりも化学成分の規定が厳しく、溶接をする部材に適した鋼材
- SN材（JIS G 3136:2012）……SS材よりも化学成分の規定が厳しく、降伏点のばらつきも抑える規定がある鋼材
- SMA材（JIS G 3114:2016）……表面に緻密なサビ（安定サビ）を形成することで腐食の進行を遅らせた鋼材。安定サビの落ちついた色調は、街並みの風景に溶け込む。

上記を含んだJISで規定する鋼材の名称と材料記号、種類を表1-4に示す。種類の記号中の後の数字は、引張り強さの下限値（N/mm^2）を表す。また、最後のA～Cは、後者ほど炭素（C）、リン（P）、硫黄（S）の規定値が小さく、溶接性に優れている。その他、塗装を前提とするか、しないかなどでも最後の記号が付く。

鋼材は添加元素による分類のほか、形状によっても分類・呼び名があり、建築分野やエクステリア分野で使用される形鋼には図1-7に示すようなものがある。各種形鋼の形状や規格表などのデータは設計段階だけでなく、積算段階でも各規格による重量がどれくらいあるのかを知るために必要である。

最近はアルミ汎用材使用により、メーカー側の形状の製品による施工が中心となっているが、オリジナリティーの高い構造物作成には形鋼や角鋼の利用もあり、形状種類や規格寸法などの知識も必要といえる。

B　特徴

鉄（鋼材）の特徴をまとめると次のようになる。

- 硬度・耐久性・加工性……硬度も高く、耐久性、さまざまな形状への加工性にも優れており、材料選定における品質、コスト、納期のQCD（Quality Cost Delivery）にも優れている。また原材料の鉄鉱石も豊富であるために元材の生産も比較的容易で、金属製品の約80～90％が鉄を材料としているなか、今後も生産量は増加するといえる。
- サビへの対策……サビびるという欠点があり、年間腐食量は大気中では環境要素にても異なり、0.02mm（高山・旭川）～0.15mm（東京・川崎）、流れの無い淡水中で0.1mmという数値もあり、対策としては鉄の表面を腐食環境から遮断する方法（メッキ処理、塗装ほか）が必要になる。

表 1-4　JIS 鋼材と材料記号

名称	記号	JIS 規定	種類
一般構造用 圧延鋼材	SS	JIS G 3101 :2017	SS330、SS400、SS490、SS540
一般構造用 軽量形鋼	SSC	JIS G 3350 :2017	SSC400
溶接構造用 圧延鋼材	SM	JIS G 3106 -2015	SM400A、SM400B、SM400C、SM490A、SM490B、SM490C、SM490YA、SM490YB、SM520B、SM520C、SM570
溶接構造用 耐候性 熱間圧延鋼材	SMA	JIS G 3114 :2016	SMA400AW、SMA400AP、SMA400BW、SMA400BP、SMA400CW、SMA400CP、SMA490AW、SMA490AP、SMA490BW、SMA490BP、SMA490CW、SMA490CP、SMA570W、SMA570P
建築構造用 圧延鋼材	SN	JIS G 3136 :2012	SN400A、SN400B、SN400C、SN490B、SN490C
建築構造用 圧延棒鋼	SNR	JIS G 3138 :2005	SNR 400A、SNR 400B、SNR 490B
一般構造用 溶接軽量H形鋼	SWH	JIS G 3353 -2011	SWH400、SWH400L（軽量リップH形鋼）
一般構造用 炭素鋼鋼管	STK	JIS G 3444 :2016	STK290、STK400、STK490、STK500、STK540
建築構造用 炭素鋼鋼管	STKN	JIS G 3475 :2014	STKN400W、STKN400B、STKN490B
一般構造用 角形鋼管	STKR	JIS G 3466 :2018	STKR400、STKR490
炭素鋼鋳鋼品	SC	JIS G 5101 :1991	SC360 、SC410、SC450、SC480
溶接構造用 鋳鋼品	SCW	JIS G 5102 :1991	SCW410、SCW450、SCW480、SCW550 、SCW620
溶接構造用 遠心力鋳鋼品	SCW	JIS G 5201 :1991	SCW410-CF、SCW480-CF、SCW490-CF、SCW520-CF、SCW570-CF
デッキプレート	SDP	JIS G 3352 :2014	SDP1T、SDP1TG、SDP2、SDP2G、SDP3、SDP4、SDP5、SDP6

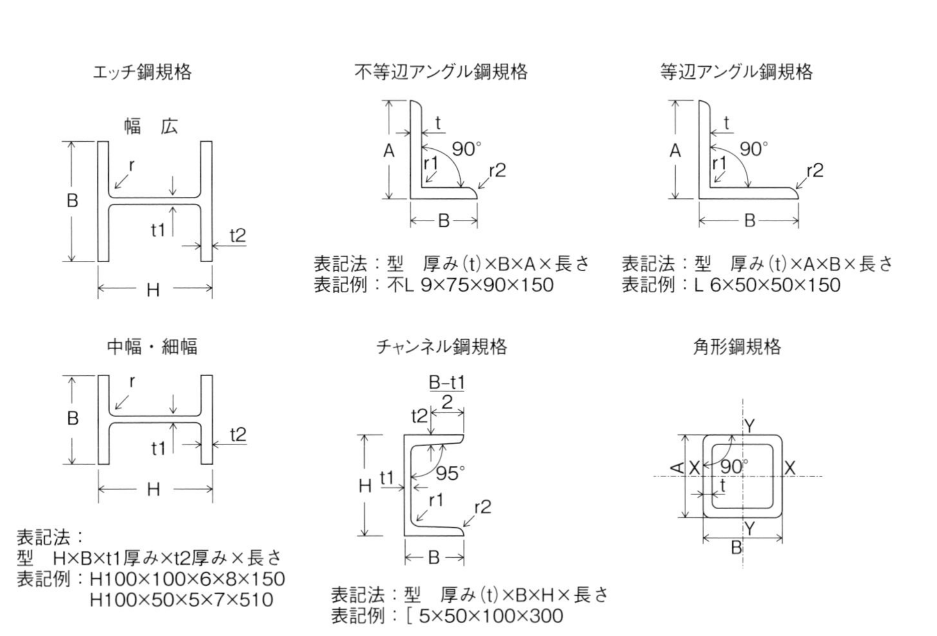

図 1-7　形鋼および角形鋼管の種類および寸法

1-3-4　合成樹脂（プラスチック）

A　種類・分類・呼び名

合成樹脂（プラスチック）の定義は、JIS K 6900:1994（プラスチック－用語）によると「必須の構成成分として高重合体を含み、かつ完成製品への加工のある段階で流れによって形を与え得る材料」と規定していて、石油、石炭、天然ガスなどの化石資源を原料とし、人為的に製造された高分子化合物からなる物質の一種であり、樹脂は原料でプラスチックは成型品を指している。

また、天然樹脂とは樹木などから分泌される樹液が固まったものなどを指し、天然ゴムや松脂、漆などがあげられる。植物だけでなく膠（にかわ）などは動物から、天然アスファルトなどは鉱物から採取できる。

合成樹脂（プラスチック）は熱に対する特性分類として、熱可塑性と熱硬化性に分けられる。熱可塑性とは加熱することにより溶融して、冷却すると硬化する。一方、熱硬化性は加熱することで硬化し、元の形状には戻らない性質をいう。

また、熱可塑性樹脂は分子の状態の違いから結晶性樹脂、非晶性樹脂に分類され、さらに、耐熱性の度合いから、汎用樹脂、汎用エンジニアリング樹脂・スーパーエンジニアリング樹脂の3つに分かれる。

上記の特性から図1-8のように分類できる。また、それぞれの性質は次のようになる。

- 結晶性樹脂……融点以下の温度では高分子鎖が規則正しく配列する（結晶部分をもつ）性質のある熱可塑性樹脂の総称。融点が高いほど耐熱性に優れる。
- 非晶性樹脂……ゴム状態から固化状態になる境界温度（ガラス転移温度）より低い温度で固化した状態においても、高分子鎖が規則正しく配列しない（結晶部分をもたない）性質のある熱可塑性樹脂の総称。ガラス転移温度が高いほど耐熱性に優れる。
- 汎用樹脂……耐熱性が100°C未満で強度が500kgf/cm^2（49.03N/mm^2）未満、曲げ強度が24,000kgf/cm^2（2,353.5N/mm^2）未満の特性を持つ熱可塑性樹脂の総称。
- 汎用エンジニアリング樹脂……耐熱性が100°C以上で強度が500kgf/cm^2（49.03N/mm^2）以上、曲げ強度が24,000kgf/cm^2（2,353.5N/mm^2）以上の特性を持つ熱可塑性樹脂の総称。
- スーパーエンジニアリング樹脂……汎用エンジニアリング樹脂よりも耐熱性がさらに高く、150°C以上の高温でも長期間使用できる熱可塑性樹脂の総称。耐熱性だけでなく、機械的強度、耐薬品性、寸法安定性、生体適合性などに優れたプラスチックといえる。

1-3-5　合成樹脂を用いた複合材料

A　種類・分類・呼び名

合成樹脂を用いた複合材料の一種としてはプラスチックに繊維の層を練り込んだ繊維強化プラスチック（FRP）があり、大型プランターなどの軽量化に使用されている（写1-1）。ガラス繊維強化プラスチック（GFRP）は、ガラス繊維による引張強度がプラスチックよりもはるかに強いので成型部品の強度向上にも繋がる。パーテーションやフェンス、グレーチングなどエクステリアでも多く使用されている。

その他、建材として使用される複合材料には、木質系材料（木材、竹材など）を微細化した

略号	名称
PE	ポリエチレン
PP	ポロプロピレン
PET	ポリエチレンテレフタレート
PMMA	ポリメチルメタクリレート（アクリル樹脂）
PS	ポリスチレン
ABS	アクリロニトリル・ブタジエン・スチレン（ABS 樹脂）
AS	アクリロニトリル・スチレン（AS 樹脂）
PVC	ポリ塩化ビニル
PA	ポリアミド
POM	ポリアセタール
PBT	ポリブチレンテレフタレート
PC	ポリカーボネート
m-PPE	変性ポリフェニレンエーテル
PPS	ポリフェニレンサルファイド
LCP	液晶ポリマー
PEEK	ポリエーテルエーテルケトン
FR	フッ素樹脂
PSU	ポリスルホン
PESU	ポリエーテルスルホン
PAR	ポリアリレート
PAI	ポリアミドイミド
PEI	ポリエーテルイミド

図 1-8　合成樹脂の分類と主な樹脂

写 1-1　FRP の大型プランター

写 1-2　WPRC ウッドデッキ材

木粉や、木繊維を主原料とした木材・プラスチック複合材（WPC)、木材・プラスチック再生複合材（WPRC）があり、ウッドデッキやフェンスに多用されている（写 1-2)。

B　特徴

合成樹脂（プラスチック）が本格的に開発されたのは 20 世紀に入ってからである。軽量で腐りにくいこと、絶縁性の高さ、用途に合わせた大量生産とコストダウンが可能で、それまで木材やガラス､陶器などを資材にしていた製品がプラスチックに置き換わっていることもあり、用途は非常に多岐にわたる。

ただ、腐らないということが逆に「プラスチックゴミ」として様々な環境問題を引き起こしていることもあり、脱プラスチックの動きも活発化している。

- ●用途……フィルム、シート、容器、パイプ、各種日用品、浴槽、機械部品、電子機器などあらゆる分野で使用されており、それまでの素材からの置き換わりが見られる。
- ●コスト……大量生産が可能なため、コストパフォーマンスがよい。
- ●絶縁性……絶縁体であるため電線の被覆や電気機器などにも用いられる。
- ●経年変化（劣化）……太陽光エネルギー吸収による分子同士の化学結合の切断、雨水、有機溶剤などによる劣化はあるが、現在はかなり改善されている。水にも強く、サビびない。
- ●強度……引張強度や圧縮強度も高く、機械部品などの場合には弾性率、靭性、耐衝撃値などについてJISで試験方法が規定されている（例：JIS K 7161:2014 プラスチック－引張特性の求め方）。
- ●耐熱性……一般的には耐熱性は悪く、熱膨張率が大きい。
- ●重量……非常に軽くて柔らかく、デザインの自由度も高い。

1-3-5　1次加工と2次加工

鉄、アルミニウム、ステンレスなどの金属や樹脂材料は、資材をつくる1次加工と、資材に形状や機能を付与して一定の金属製品として仕上げる2次加工に分けられる。

A　1次加工の種類

1次加工としては、主に溶解、圧延、押出、鋳造、伸線などがある。

圧延

鋼塊や鋼片などの素材を回転する2本のロールの間に差し込み、ロールの間隔を次第に狭め、連続した力を加えることにより伸ばしたり薄くしたりして成形する。通常鋼材といえば圧延鋼材をさす場合が多い。

押出

加熱した原料を加圧して金型に通し、一定の断面形状を成形する。長く連続した形状の製品に成形して、カットする。同断面形状の様々な長さの製品を一つの金型でつくれるメリットがある。アルミニウムや樹脂で多く活用される（写1-3）。

鋳造

溶鋼を各種の鋳型に流し込んで必要な形状に成形する。圧延では処理でない曲線や複雑な形状の製品を作るのに適している。

B　2次加工の種類

2次加工としては、鍛造、絞り、張出し、曲げ、切断、接合などがあげられ、熱処理やメッキ処理も組み合わせて行う。

鍛造

鋼塊を強い力のプレス機にかけたり、ハンマーで叩いたりして必要な形状に成形する。製造時に生じる気泡や空洞などを破壊し、均質で微細な組織をつくることで靭性と耐久性の向上を図る。

鍛鉄は英語でロートアイアンと呼ばれる金工技法の一つで、ヨーロッパなどでは古くから建造物の扉、手すり、柵、ガーデンアーチから各種小物などに使われている。叩いて形を作るために同じものは一つとしてなく、オリジナル性が高い製品といえる。

❶溶解・保持・成分調整／原料が入る前の溶解炉

❷約 780°C で溶解後、保持炉に移し、合金種に応じ、Mg 等の添加成分調整、他処理

❸鋳造／溶湯中の水素ガスの再除去後、厳密な成分分析、鋳造機で仕上げる

❹押出／アルミニウム・マグネシウム合金は押出され指定された形状の形材になる

❺押出直後の形材はファンにより、徐々に冷却される

❻矯正／形材が冷える際に生じる歪みや反りの矯正で、形材をまっすぐにする作業

写 1-3　アルミニウム押出形材フロー（三協立山 三協マテリアル社カタログより）

1-3-6　屋根葺き材と天井材に使用される材料

本章は金属系、樹脂系のエクステリア製品についてまとめているが、そうした製品が最も使用されているのは、屋根葺き材と天井材である。JIS で規格された製品も多く出回っている。したがって、屋根葺き材と天井材について金属系、樹脂系の基本的な製品をまとめておく。

A　屋根葺き材

硬質塩化ビニール波板（JIS A 5702:2012）

硬質塩化ビニール波板（通称塩ビ波板）とは塩化ビニール樹脂でつくられた波状の板で、耐食性に優れ、軽量で丈夫であり価格的にも安く、幅広い場所で利用されている。カーポートやテラス屋根などにも初期の製品段階では多く利用されていたが、最近は高級志向もあり、利用は減少している（写 1-4）。

硬質塩化ビニール波板の形状および寸法の例を表 1-5 に示す。また、屋根葺き材として本節で取り上げる塩化ビニール樹脂、メタクリル樹脂、ポリカーボネートの常用耐熱温度と特徴をは表 1-6 のようになる。

メタクリル樹脂板（JIS K 6718:2015）

メタクリル樹脂板（通称アクリル板）とは、メタクリル酸誘導体を主成分とし、鋳型または押出成形により製造された両面が平らな板をいう。加工性や耐久性に優れ、透明性も高い。メタクリル樹脂板の線膨張率は、金属材料に比べて温度変化による伸縮が数倍大きいので、シーリング材の使用に際しては、メーカーの取扱説明書に準じたものを使用する。

JIS によるメタクリル樹脂板の種類と寸法を表 1-6、7 に示す。

ポリカーボネート板（JIS K 6735:2014）

ポリカーボネート板（通称ポリカ）とは、熱可塑性樹脂の一種であるポリカーボネート樹脂が原料のプラスチック板で、最近のカーポート屋根などの主流といえる。プラスチック類のなかでも、アクリルの約 30 倍ともいわれる高い耐衝撃性と、ガラスと同等の光線透過率 80 ～ 90% を有するなど透明性にも優れている。

また、アクリル板は可燃性でるのに対し、ポリカーボネートは着火しても燃え広がらず、火元が離れると自然に炎が消えていくという「自己消火性」がある。熱変形温度は 140℃と熱にも強く、耐候性が高い屋根材といえ、建築基準法でいう不燃材、準不燃材、難燃材とは異なるが、火災のリスクを低減するには有効といえる。

写 1-4　硬質塩化ビニール波板

表 1-5　硬質塩化ビニール波板の形状および寸法（JIS A 5702:2012 より）

種類	長さ l	幅 W	厚さ t1,t2	谷の深さ h	山数（参考）
32 波	1,820（6 尺） 2,120（7 尺） 2,420（8 尺）	655	0.8 0.9 1.0	9	20.5
63 波	2,730（9 尺） 3,030（10 尺）	720	1.0 1.5	15 18	11.5
76 波	3,640（2 間）	720	1.0	18	9.5

備考：上記以外の製品の長さ及び幅は、受渡当事者間の協定によって定めてもよい

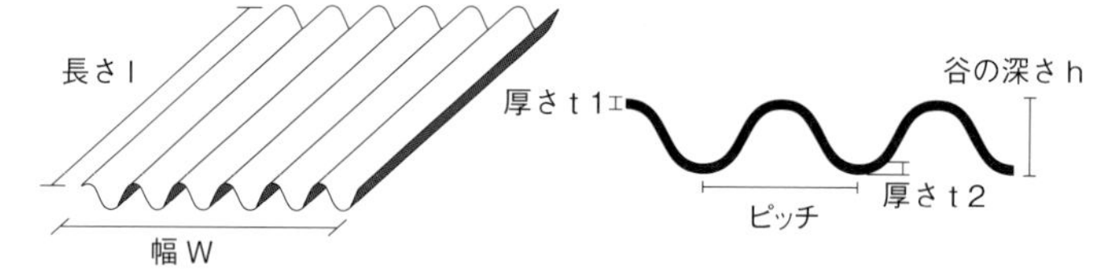

表 1-6　プラスチックの常用耐熱温度と特徴
（日本プラスチック工業連盟「暮らしの中のいろいろなプラスチック」などより作成）

樹脂名	JIS 略語	常用耐熱温度*（℃）	特徴
塩化ビニール樹脂（ポリ塩化ビニール）	PVC	60 ～ 80	燃えにくい。軟質と硬質がある。水に沈む（比重 1.4）。表面の艶、光沢が優れ、印刷適性がよい
メタクリル樹脂（アクリル樹脂）	PMMA	70 ～ 90	無色透明で光沢がある。ベンジン、シンナーに侵される
ポリカーボネート	PC	120 ～ 130	無色透明で、酸には強いが、アルカリに弱い。特に耐衝撃性に優れ、耐熱性も優れている

*常用耐熱温度は、それぞれの樹脂の一般的な使用方法における、耐熱温度を示すもの。汎用プラスチック（PVC、PMMA）とエンジニアリングプラスチック（PC）では意味合いが異なる（PVC、PMMA は短時間耐える温度、PC は長時間耐える温度ともいえる）

熱線吸収（遮断）ポリカーボネート板は、新素材を加えることにより熱線（近赤外線）を吸収遮断することにより屋根下部に熱を伝えにくくし、真夏の温度上昇を抑える効果を持つ。さらに、防汚効果を持つタイプなどもある（表1-7）。

鋼板製屋根用折板（JIS A 6514:1995）

鋼板製屋根用折板とは、鋼板やアルミニウム合金板の板がV字やU字に近い形で折り曲げられた屋根材で、波型形状のため、より高い強度を確保でき、鋼板の表面塗装などの処理により耐食性にも優れる。JISでは、「重ね形（K）」「はぜ締め形（H）」「かん合形（G）」の形状（図1-10）、山高・ピッチ、耐力（1～5種、表1-8）によりそれぞれ区分している。

長さ、断面形状、ねじれ、横曲がり、および、反りについてもJISで寸法公差が規定されており（例えば、折板の長さの許容差は長さ10m未満の場合0～+5mm、長さ10m以上の場合0～+10mm）、その他の形状や寸法についてはメーカーごととしている。

野地板などの下地材を必要としないため工期短縮にもつながり、折板が比較的軽量であるために柱部分への負荷も少なく、非住宅建物（倉庫、店舗など）から積雪量の多い地域などを中

表1-7　ポリカーボネート板の種類の例と各パネル性能比較表（三協アルミ「エクステリアカタログ」より）

パネル種	ポリカーボネート板			ポリカーボネート板（かすみ調）
色	ブラウンスモーク	ブルースモーク	クリア	かすみ
熱線（紫外線）カット率	約45%	約40%	約15%	約16%
可視光線透過率	約34%	約20%	約87%	約88%
紫外線カット率	約100%	約100%	約100%	約100%

パネル種	熱線吸収ポリカーボネート板	熱線遮断ポリカーボネート板	熱線遮断ポリカーボネート板（かすみ調）	熱線遮断FRP板 DRタイプ（かすみ調）
色	クリア	ブルースモーク	かすみ	かすみ
熱線（紫外線）カット率	約39%	約83%	約70%	約72%
可視光線透過率	約78%	約11%	約76%	約27%
紫外線カット率	約100%	約100%	約100%	約100%

ブラウンスモーク

ブルースモーク

クリア

かすみ

写真1-6　ポリカーボネート板の種類による明るさの違い（三協アルミ「エクステリアカタログ」より）

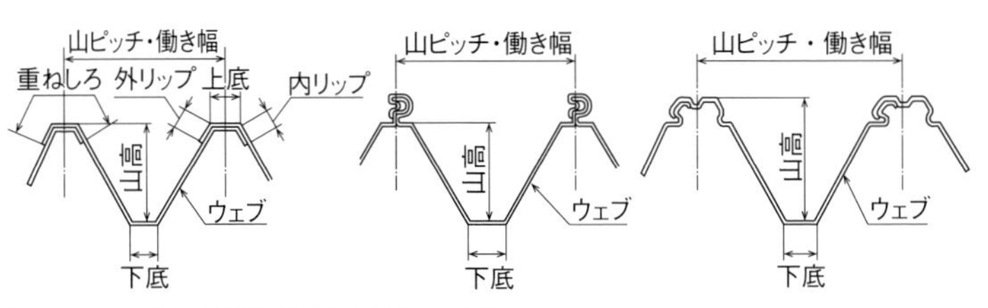

図1-10　重ね形折板屋根事例各部名称

表1-8　耐力によるJIS区分

区分	記号	等分布荷重 N/m² {kgf/m²}
1種	1	980 {100}
2種	2	1,960 {200}
3種	3	2,940 {300}
4種	4	3,920 {400}
5種	5	4,900 {500}

心としたカーポート屋根などにも利用されている。スチール鋼板のみでは内部が暗くなることから、最近はポリカーボネート素材を利用した折板屋根採光材との組み合わせなども見受けられる。

B　エクステリア関連天井材

アルミ板（パネル）

2010年以降の簡易カーポート屋根の構造やデザインの進化にともない、ルーフ屋根形状の様々な製品の開発が活発化するなか、屋根天井材も大きく変化した。それまでのカーポート屋根は、桁材や屋根材を通して空が見えるという開放性のある明るいカーポート屋根が主体であったが、天井材を張ることにより、高いグレード感や重厚感のある雰囲気を醸し出すようになった（写1-12）。

天井材として使用されるアルミ板は軽量で熱伝導性に優れ、展延性が高いために加工もしやすく、空気中の酸素と結合して表面に酸化被膜を形成するので高い耐食性にも繋がる。一般的にカーポート天井材として利用されるアルミ板は厚さ10mmでポリエステル樹脂焼付処理が施され、不燃材として国土交通大臣認定を受けているものが多い。

不燃・焼付け化粧鋼板

金属原板にプライマー層、ベースコート層、絵柄（図柄）印刷層、クリアコート層の順に張り付けた焼付け化粧鋼板で、スチール鋼板だけでなく、塩害対策としてのステンレス、アルミニウムなどにも対応可能である（図1-11）。

色褪せやスリキズがほとんどなく、デザインや意匠性に富む材料であり、建物外装から各種建築物内装などの多くの部分で用いられている。

写1-12　アルミ板天井材カーポート事例（三協アルミ「エクステリアカタログ」より）

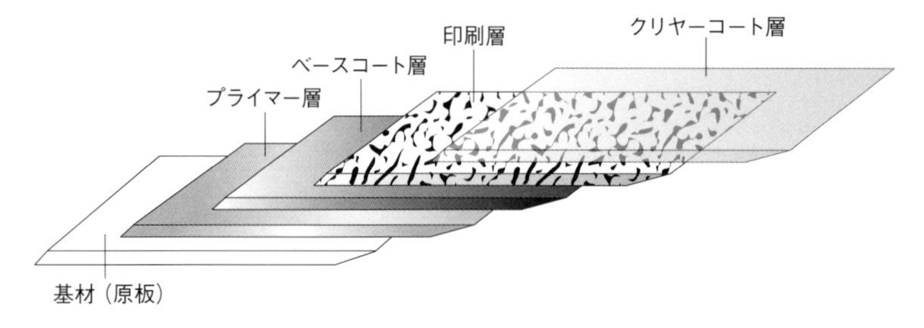

図1-11　不燃・焼付け化粧鋼板の製品層構成の一例

エクステリア製品、照明機器の基本的知識

2-1　住宅エクステリアの基本的知識

住宅向けのエクステリア製品は使用される場所によって目的や役割が変わってくる。さらに、近年はデザインや素材なども多様になり、選択肢も増えている。ここでは、使用される場所を、隣地や道路との「境界部（囲障）」、敷地の入り口である「門まわり」、自動車のための「駐車スペース」、家と庭の間（建物躯体に取り付けるものはウォールエクステリアともいわれる）や庭に設置する「庭まわり」に分け、エクステリア製品ごとに、その目的と使用される素材、製品のタイプや特徴、選択のポイントを紹介する（エクステリア製品の分類に関しては、「1-2　現在のエクステリア製品の分類」を参照）。

このうち庭まわりでは、日本の建物が従来から尺貫法による寸法を用いていたため、ウォールエクステリア製品の寸法は尺貫法に基づいて設計・製造されているものも多い（表2-1）。

表2-1　尺貫法とメートル法

尺貫法	1寸	1尺（10寸）	半間（3尺）	1間（6尺）
メートル法	約30.3mm	約303mm	909mm	1,818mm

2-1-1　境界部：フェンス

隣地および道路との境界を明らかにし、防犯やプライバシー性を高めるために使用される。材質別に、形材フェンス（写2-1）、鋳物フェンス（写2-2）、木粉入樹脂フェンス（写2-3）、樹脂竹垣（写2-4）などがある。

納まりとしては、フリー支柱納まり（図2-1）と、間仕切支柱納まり（図2-2）の2通りがある。

フェンスを構成する部材については、メーカーにより異なるが、基本的にフェンス本体、支柱、小口キャップなどで構成され、設置条件によりコーナー部品や切詰材などを使用する。なお、同じ製品でもフリー支柱納まりと間仕切支柱納まりでは、本体を除き使用される部材が異なる。

〈フェンスを選ぶポイント〉

デザインや価格のほかに、フェンスを選ぶ際はいくつか注意するポイントがある。

フェンスは隣地との境界線に設置することが多いが、設置者側の敷地内であることを必ず確認すること。もし境界が曖昧な場合は、隣地の持ち主と相談して土地家屋調査士に調査を依頼するとよい。

フェンスの高さやデザイン、色などによっては圧迫感を与えて、隣地からのクレームとなる場合がある。高さが2mを超えるもの、隙間がないもの、暗色などは周囲への影響も考慮する必要がある。

隙間がないフェンスは日光を遮り、その陰によって植栽に影響を与える場合がある。さらに、風の影響を特に受けやすいため、強風が吹く高台や、台風が通る地域に設置する場合は、耐風圧強度も確認して選定する（表2-2）。

外部からの目線を遮る目的で設置する場合は、家人のリビングや庭からの視線をそれぞれ確認して、適切に視線を遮る高さのものが必要となる。

主なフェンスの材質

写 2-1　形材フェンス

写 2-2　鋳物フェンス

写 2-3　木粉入樹脂フェンス

写 2-4　樹脂竹垣

フェンスの納まり例

＊内側からの図

図 2-1　フリー支柱納まり（横から）

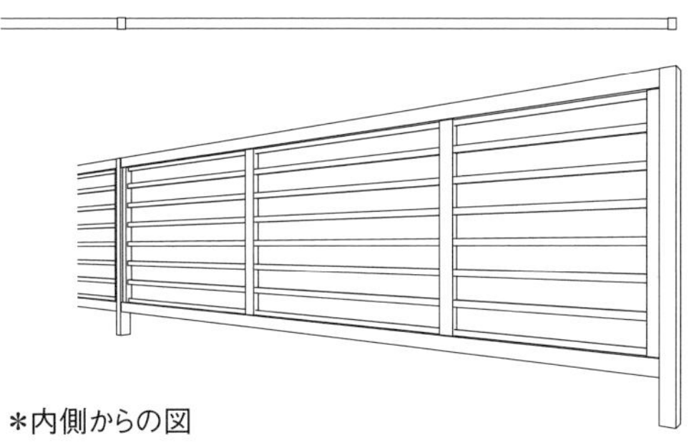

＊内側からの図

図 2-2　間仕切支柱納まり（横から）

表 2-2　台風の大きさと強さ（気象庁「台風の大きさと強さ」より作成）

強さの階級分け	
階級	最大風速
強い	33m/s 以上～ 44m/s 未満
非常に強い	44m/s 以上～ 54m/s 未満
猛烈な	54m/s 以上

大きさの階級分け	
階級	風速（10 分間平均）15m/s 以上の半径
大型（大きい）	500km 以上～ 800km 未満
超大型（非常に大きい）	800km 以上

2-1-2　門まわり：門扉

門まわりは道路からの敷地の入り口を指す。住宅の第一印象を決める「家の顔」であり、ファサードともいわれる。門扉はその入り口そのものであり、主な扉の開閉方法として開き、引戸（スライド）、伸縮（アコーディオン）がある。

A　開き門扉

家の玄関や勝手口、車庫口などに防犯目的のほか、ファサードデザインの演出にも使用される。

材質別に、形材門扉（写 2-5）、鋳物門扉（写 2-6）、木粉入樹脂門扉（写 2-7）、スチールメッシュ門扉（写 2-8）などがある。

主な開き門扉の材質

写 2-5　形材門扉

写 2-6　鋳物門扉

写 2-7　木粉入樹脂門扉

写 2-8　スチールメッシュ門扉

開き門扉の取付け仕様例

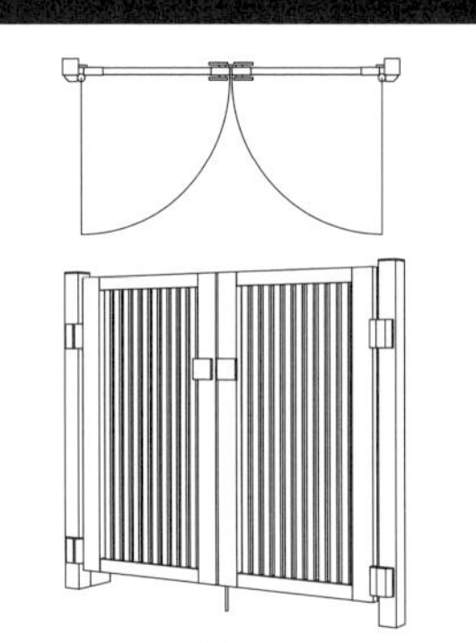

図 2-3　柱仕様　＊内側からの図

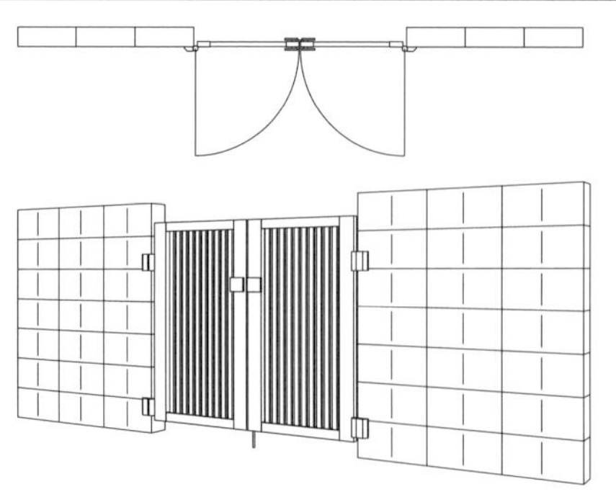

図 2-4　埋込み仕様　＊内側からの図

取付けの仕様は門柱を用いる柱仕様（図 2-3）と、ブロックや石の塀に直接扉を吊り込む埋込み仕様（図 2-4）がある。

門扉は設置する間口や条件、用途によって様々なタイプがある。主なものとしては、扉が 1 枚の片開き（写 2-9）、同じ大きさの 2 枚の扉が中央から左右に開く両開き（写 2-10）、大きい扉（親扉）と小さい扉（子扉）を組み合わせた親子開き（写 2-11）、広い間口に対応させるために折戸を組み合わせた 3 枚、4 枚折戸（写 2-12）などがある。親子開きは、通常は親扉のみを開閉させる片開きで使用するが、必要に応じて子扉を開いて門の侵入口を拡大させる。

開き門扉は、メーカーによって構成や名称が異なるが、一般的には次のような部材で構成される（図 2-5 も参照）。

主な開き門扉のタイプ

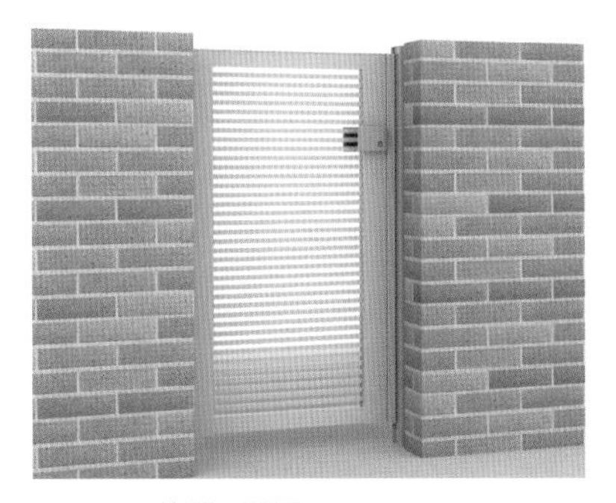

写 2-9　片開き門扉

写 2-10　両開き門扉

写 2-11　親子開き門扉

写 2-12　4 枚折戸門扉

開き門扉の構成例

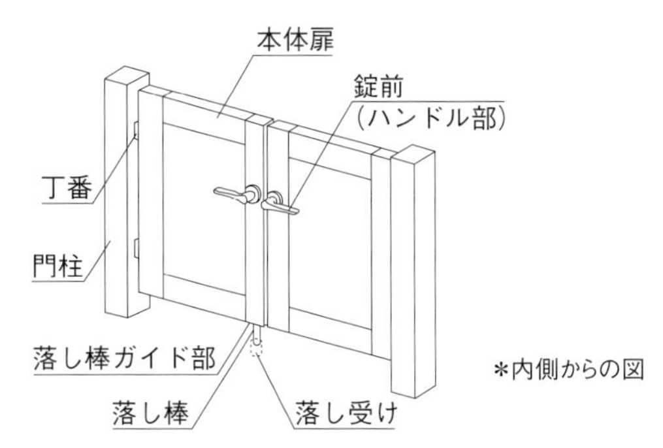

図 2-5　両開き門扉の構成と名称

●片開き……門柱（吊元柱、戸当たり柱）、扉本体、錠前（片開き用）。
●両開き（親子開き）……門柱（左・右）、扉本体（左・右）、錠前（両開き用）、戸当たり、落し棒。

〈開き門扉を選ぶポイント〉

設置する際は、門扉の開閉時の軌跡や門扉から玄関までの動線を考えることが必要。扉を開いたときに建物や階段、障害物に当たったり、動線の妨げにならないようにする。

開き門扉は、開いたときに敷地の越境や道路側にはみ出さないように、基本的に内開きにすることが多いが、敷地にスペースがない場合は、引戸門扉や伸縮門扉などを検討する。

B　引戸（スライド）門扉

開き門扉が設置できない狭小地などにも対応することができる門扉。

扉の開閉に必要な動き幅が少ないため、壁や階段前の限られたアプローチでも設置できる。間口サイズ分の引き込みスペースが必要になる（写 2-13）。

C　伸縮（アコーディオン）門扉

開き門扉が設置できない狭小地などにも対応することができる収縮タイプの門扉。

扉の開閉に必要な動き幅が限定されるため、壁や階段前の限られたアプローチでも設置できる。伸縮門扉は開口幅の引き込みスペースが不要なため、収納スペースが少なくて済む。

構造上から平面的なデザインはない（写 2-14）。

2-1-3　門まわり：表札

表札は、居住者の姓や名を記して、家の門や玄関などに掲げる札のこと。

材質は、木製、石、ステンレス、アルミ、鉄、陶器、タイル、樹脂、ガラスのほか、多岐に渡る。また、異なる材質を組み合わせてデザインされたものも多数販売されている（写 2-15）。

〈表札を選ぶポイント〉

表札のデザインや材質は多種多様であるが、表札の付く門柱などの材質や色にも注意して選択することが必要。同じような材質であったり、同系色だと、表札の文字が見えづらくなることがある。また、ライトで表札を照らす場合は、表札単体でなく、トータルバランスを考えて選択する。

2-1-4　門まわり：ポスト

ポストとは、エクステリアでは郵便受けポストを指す。

取付けの形態は様々あり、壁面取付け、壁埋込み、独立タイプ、集合住宅タイプなどがある。

材質は、ステンレス、アルミ、鉄、プラスチック製などがある（写 2-16 ～ 19）。

〈ポストを選ぶポイント〉

ポストは大切な郵便物を風雨、雪から守らなくてはならないので、気象条件も考慮して選択する。機能性によっても分類されているので、設置場所や形態とともに防水性能には特に注意する必要がある。

2-1-5　門まわり：宅配ボックス

宅配ボックスとは、受取人が留守の際に宅配便や郵便物の受取りができるロッカー型の設備を指す。

引戸門扉と伸縮門扉

写 2-13　引戸（スライド）門扉

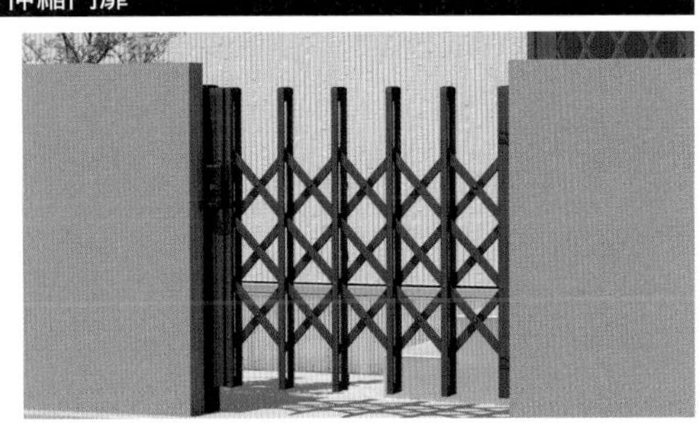

写 2-14　伸縮門扉

表札のデザイン例

御影石

ステンレス

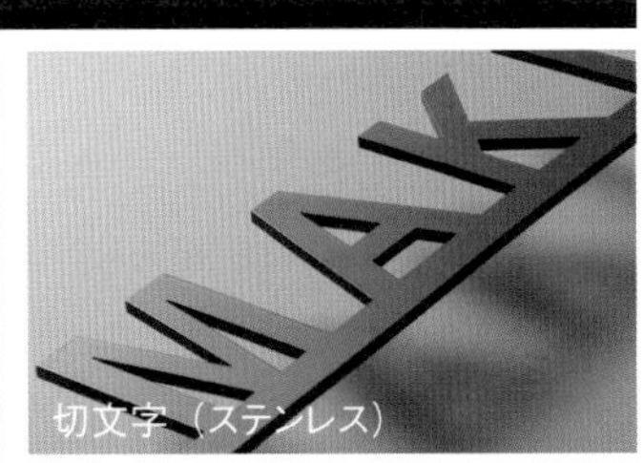

切文字（ステンレス）

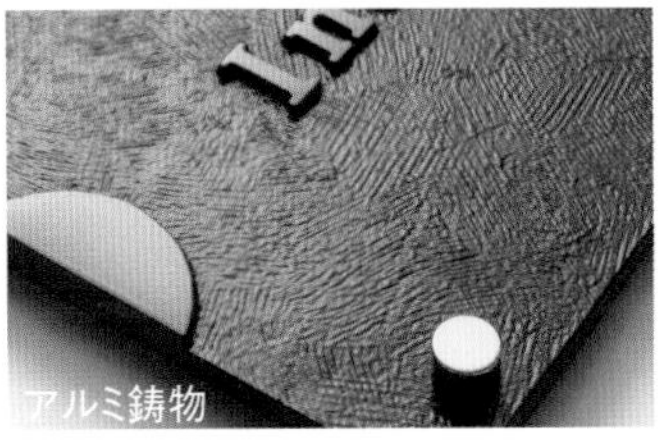

アルミ鋳物

タイル

ガラス

写 2-15　表札の材質の一例

主なポストの取付け形態材質

写 2-16　壁取付けタイプ／ステンレス製

写 2-17　壁埋込みタイプ／ステンレス製

写 2-18　据置きタイプ／アルミダイカスト製

写 2-19　独立タイプ／アルミ製

留守でも荷物を受け取れるため、不在が多い単身者や、インターネット通販を利用する人などへのニーズが高まっている。また、ウイルス感染症予防の観点から、在宅であっても対面を避けて、宅配ボックスで荷物を受け取るケースもある。

取付けの形態は、壁埋込み、独立タイプ、集合住宅タイプなどがあり、ポストと合わせて設置する場合もある（写 2-20、21）。

材質は、ステンレス、アルミ、鉄、プラスチック製などがある。

〈宅配ボックスを選ぶポイント〉

製品によってサイズや施錠方法が異なるため、荷物が入らなかったり、保管や取り出しについて問題が発生する場合があるので注意する。

2-1-6 門まわり：機能門柱

機能門柱とは、表札、照明、インターホン、ポスト、宅配ボックスなど、玄関まわりで必要なものを一体にした製品を指す。限られたスペースで、コンパクトにまとめて設置することができる（写 2-22 ～ 24）。

洋風のシンプルなデザインの住宅や、スペースが限られた都市部の住宅で用いられることが多い。

〈機能門柱を選ぶポイント〉

前記したポストや宅配ボックスと同様の注意が必要。

2-1-7 駐車スペース：カーポート、ガレージ、サイクルポート

生活には欠かせなくなった自動車やオートバイ、自転車の駐車スペースは、所有する車種や台数によって必要なスペースが変わってくる。加えて、駐車スペースから玄関への動線を考慮した設計もポイントとなる。

カーポート、ガレージ、サイクルポートなどは、住宅の敷地内にある自動車やオートバイ、自転車の駐車スペースに設置し、雨や風などに直接さらされるのを防ぐ。基本的にカーポートやサイクルポートは屋根と支柱によって構成される。ガレージは3方向が壁に囲まれ、屋根や前面にシャッターが付く構造のものをいう（写 2-25 ～ 28）。

カーポートは車の台数や設置環境により片側支持や両側支持、後方支持タイプなどがあり、屋根材としてはポリカーボネートやガルバリウム鋼板折板が用いられる。また、カーポートを連続で使用することで、敷地や駐車台数に応じた様々な納まりが可能となる（写 2-29 ～ 34）。

〈カーポートを選ぶポイント〉

設置する敷地内の場所や周辺の環境をよく把握する必要がある。また、カーポートの大きさは、現状の車のサイズだけでなく、将来を見通した車のサイズや台数などについても検討して選定する。

カーポートの設置では、柱の位置と車のドアの位置や兼ね合いをよく検討する。片側支持のカーポートは、台風や強風に対してある程度揺れることで強度を維持しているため、揺れても家などの構造物を傷つけてしまわない位置に設置する。

積雪地域では積雪対応のカーポートを選定し、家の屋根からの落雪を避ける場所に設置する。積雪量については、気象庁の「気象庁 メッシュ平年値図 2020 最深積雪（年）」などを参考に

主な宅配ボックスの形態

写 2-20　壁埋め込みタイプの宅配ボックス

写 2-21　独立タイプの宅配ボックス

主な機能門柱の形態

写 2-22　インターホン・ポストの機能門柱

写 2-23　インターホン・ポストに照明が付いた機能門柱

写 2-24　宅配ボックスと一体化した機能門柱

主なカーポート、ガレージの構造

写 2-25　片側支持カーポート

写 2-26　両側支持カーポート

写 2-27　後方支持カーポート

写 2-28　ガレージ

カーポートの主な基本的納まり

写 2-29　1 台用

写 2-30　2 台用

写 2-31　3 台用

写 2-32　1 台用片側支持タイプを連続使用した納まり例／合掌納まり

写 2-33　1 台用片側支持タイプを連続使用した納まり例／Y合掌納まり

写 2-34　奥行（縦）連棟納まり

するとよい。

カーポートの屋根から雨水や雪が隣地に流れ込むとトラブルの原因となるため、雨樋の設置や排水経路に注意する。

2-1-8　駐車スペース：カーゲート

車場スペースの出入り口などに設置する門扉をカーゲートという。出入り口を塞ぐことで、車の盗難や人の侵入を防ぐ目的で用いられる。

形状は上下に開閉する跳ね上げ門扉やシャッターゲート、横にスライド開閉する引戸門扉（ス

主なカーゲートの基本形状の例

写 2-35　跳ね上げ門扉

写 2-36　シャッターゲート

写 2-37　引戸門扉

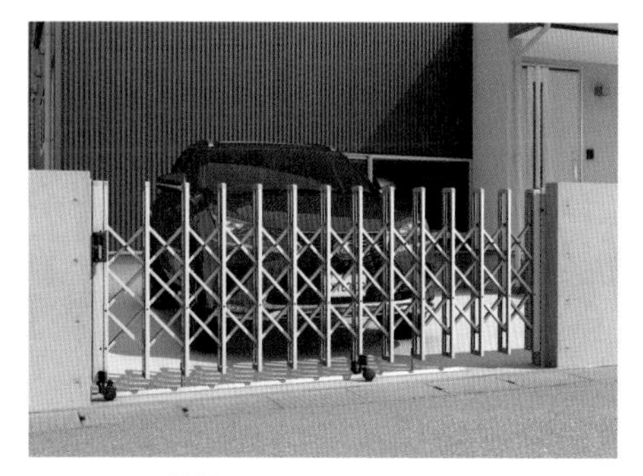
写 2-38　伸縮ゲート

ライドゲート）や伸縮開閉する伸縮ゲート（カーテンゲート、アコーディオンゲート）などがある（写 2-35 ～ 38）。なお、製品呼称はメーカーによって異なる。

〈カーゲートを選ぶポイント〉

カーゲートの各形状にはそれぞれ特徴があるので、敷地や駐車スペースを含めて検討する。耐用年数も考慮して選択することが重要である。また、跳ね上げ門扉やシャッターゲートなどには電動式と手動式があり、電動式はセンサーやリモコンが作動しない場合の対処方法も確認しておく。

跳ね上げ門扉は、扉を上げた状態で放置しておくと故障の原因になることが多いので注意する。

2-1-9　庭まわり：テラス

建築の用語としてのテラスは１階のリビングから続く地面よりも一段高いスペースのことを指すが、住宅エクステリアではテラス屋根を指すことが多い。雨や雪を防いで庭空間を活用したり、洗濯物を干すスペースや作業スペースとして利用される。建物の窓のサイズに応じて製品サイズを選定するため、建物に用いられているサイズ法（尺貫法、メートルモジュール）に応ずることが必要となる。

テラス屋根は基本的に建物の壁にビスによって取り付けられるが、最近はビスを打たない独立タイプも普及してきた。２階のバルコニーに設置するバルコニータイプのものもある（写 2-39 ～ 41）。

〈テラスを選ぶポイント〉

積雪地域などにおいては、降雪量に対応した耐積雪荷重強度の製品を選定する。また、洗濯物を干す場合の竿掛け高さ、位置などにも注意する。

2-1-10　庭まわり：テラス囲い・ガーデンルーム

テラス囲いは、雨よけ・風よけのためにテラス屋根の側面と前面を簡易的に囲ったものを指す。気密性や水密性を高めて様々な用途に利用できるように設計したものをガーデンルームということもある（写 2-42、43）。

〈テラス囲い・ガーデンルームを選ぶポイント〉

テラスと同様だが、雨水の浸入を防ぐためには風向きや台風など、気象条件も考慮して設置する。また、シーリングの劣化による雨漏りが発生することがあるので、耐用年数（5 ～ 10 年）を過ぎた場合は、状況により打ち換える。

2-1-11　庭まわり：ウッドデッキ

ウッドデッキとは、木材または木材と樹脂を混合した人工木材でつくられた屋外に設置する床のことを指す。一般住宅ではリビングなどと連続して床の高さを合わせたつくりになっているものが多い（写 2-44）。

天然木を使用する場合は、強度や耐久性に優れたハードウッド（ウリン、イタウバ、セランガンバツなど）や、加工しやすく DIY 向けのソフトウッド（レッドウッド、レッドシダー、スギなど）を用途やコストに応じて用いる。

人工木材は、木材からつくられた木粉と樹脂（プラスチック）を主原料とするため、樹脂木ともいわれる。天然木に比べて腐敗や虫害に強く、メンテナンスの手間も軽減できるといったメリットがあり、ウッドデッキ材として多く使用されている。ウッドデッキ単体でも使用されるが、デッキスペースや庭空間をより快適にするために、テラス屋根やテラス囲い、ガーデンルームとともに計画されることも多い（写 2-45）。

〈ウッドデッキを選ぶポイント〉

天然木のウッドデッキは、使用目的や予算などに応じて樹種を選択するとよい。

人工木のウッドデッキは、樹脂をはじめとした熱しやすい材質の製品が多い。特に夏場などで直射日光が当たる場所に設置した場合は、素足で歩けないほどに熱くなってしまうこともあるので、注意が必要である。近年では表面に遮熱材を塗布したものや、温度上昇しにくい材質を使用した製品もあるので、直射日光が長時間当たる場所に設置する場合には検討するとよい。

2-1-12　庭まわり：人工芝

近年、パイル（芝）にグリーンだけでなく枯葉色（ブラウン）のパイルを混ぜたり、まっすぐな芝と縮れた芝を散らして天然芝に近づけたり、つや消し加工を施してビニール感を軽減するなど、天然芝に近いリアルな質感の人工芝が登場して人気が高くなっている。庭だけでなく、ベランダ、玄関、ウッドデッキや屋上などにも広く使用される（写 2-46）。

人工芝は、天然芝に比べて芝刈り、散水、草むしりなどの管理コストが大幅に軽減されるメリットがある。

テラスの基本形状の例

写 2-39　1 階壁付けテラス

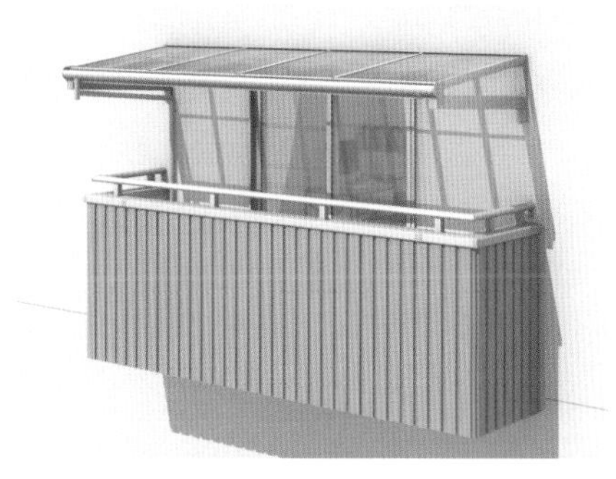

写 2-40　2 階壁付けバルコニー用テラス

写 2-41　独立タイプのテラス

テラス囲い・ガーデンルームの基本形状の例

写 2-42　テラス囲い

写 2-43　ガーデンルーム

ウッドデッキと組合せ例

写 2-44　人工木のウッドデッキ

写 2-45　人工木のウッドデッキとガーデンルーム

〈人工芝を選ぶポイント〉

見た目や肌ざわり、質感なども大切だが、設置する場所によって機能性も考慮する。

人工芝の裏面は耐久性に大きく関係してくる。ポリウレタンなどでコーティングされていると耐久性も高くなる。さらに、庭以外に設置する場合は、透水穴の有無、難熱性などにも注意しながら選択する。

写 2-46　リアルな人工芝

2-2　景観エクステリア・パブリックエクステリアの基本的知識

一般住宅に用いられる住宅エクステリアに対し、集合住宅や施設、工場、そして公共スペースなどのランドスケープ（景観）を構成する場所に設置される大型のエクステリア製品を、景観エクステリアやパブリックエクステリアという。また、環境エクステリアや公共エクステリアなどと呼ばれることもある。

一般住宅用に比べて、大型で高強度で設計されている製品が多く、不特定多数の利用者にとっての利便性や安全性に配慮した計画が求められる。また、エクステリアによってつくられた街並みや景観は、持続可能・安心・快適な生活環境を形成して社会の共有財産ともいえる価値を有する。

住宅エクステリアと同様に、景観エクステリア・パブリックエクステリアにも多種多様な製品があるが、ここでは主な製品ごとに、その使用目的と特徴などを紹介する。

2-2-1　大型フェンス

住宅用フェンスと同じく、隣地との境界を明確にして不法な侵入を防ぐことを目的とするが、一般的に、住宅用と比較して大型なものや強度の高いものが用いられる。また、忍び返しを組み合わせることで、物理的な障害・侵入防止としての効果に加えて、心理的にもセキュリティ効果を高めたものや、防風や防音機能を備えた目隠しタイプの製品がある（写 2-47、48）。

2-2-2　大型門扉・大型引戸

公共施設や工場などの開口部の広い出入口には、大型開き門扉のほか、大型引戸門扉や大型伸縮門扉が用いられることも多い（写 2-49、50）。

間口の大きさや開閉頻度、または風圧などの地域の自然環境に基づいて設計する必要がある。

2-2-3　駐車場

施設や店舗などの駐車場には、連続した複数の屋根に加え、車止め（パーキングブロック）、照明なども用いられる（写 2-51）。自動車の出入りがしやすい後方支持柱型、間口の広い両側支持柱型などが多く、住宅用カーポートと同様に耐風性能、耐積雪性能、雨樋の設置や排水経路を考慮して計画する。

大型フェンスの製品例

写 2-47　連続縦格子の大型フェンス

写 2-48　防音機能を備えた大型フェンス

大型門扉・大型引戸の製品例

写 2-49　引戸門扉型

写 2-50　伸縮門扉型

駐車場

写 2-51　屋根・車止めが用いられた大型駐車場

駐輪場

写 2-52　屋根とサイクルラックが用いられた駐輪場

写 2-53　2 段式サイクルラック

また、機械式駐車場には安全基準としてJIS B 9991:2017（機械式駐車設備の安全要求事項）が制定されている。

2-2-4　駐輪場

集合住宅や公共施設では、自転車置き場のスペース（駐輪場）を設けることが多い。エクステリア製品としては、サイクルポート屋根やラック（スライド式、2段式ラックを含む）、ストッパーなどがある（写2-52、53）。

自転車駐車場工業会は、可動式のサイクルラックに対して独自の安全基準（サイクルラック技術基準）を設け、審査に合格した製品には認定証（ラベル）を発行している。

2-2-5　車止め

道路および歩道などから公共スペースや施設の敷地への出入り口箇所に、主に車の進入を防止する目的で設置される。目的や状況に応じて強度や形状が異なり、固定されたもののほか、収納や取り外しができるものなど様々なタイプがある（写2-54、55）。

2-2-6　通路シェルター

施設や公共スペースの通路用屋根として使用されるが、そのほかにバスの停留所や車の乗降場所の屋根などにも用いられる。屋根材質はスチール、アルミ、ポリカーボネートなどがあり、気象条件や建物、周辺環境との調和などを考慮して設置される（写2-56）。

2-2-7　手すり

施設や公共スペースのスロープや階段などで、歩行補助と安全をサポートするために設置される（写2-57）。

国土交通省の「都市公園の移動等円滑化整備ガイドライン」では、1段の手すりは高さ750～800mm程度、2段手すりの高さは上段で850mm程度、下段で650mm程度、手すりの外径は30～40mm程度の円形または楕円形としている。エクステリア製品の多くは、設置高さを1段手すりで800mm、2段手すりの場合は下段を650mmで設定している。

2-2-8　高欄・防護柵

橋や高架路、道路から、人や車などの落下防止や安全対策、または、意匠的美観から設けられる（写2-58）。

国土交通省による防護柵の設置基準（平成16年3月31日、道路局長通達）では、歩行者自転車用柵（高欄）の場合、歩行者などの転落防止を目的として設置する柵の高さは1.1 mを、歩行者などの横断防止などを目的として設置する柵の高さは0.7～0.8 mを、それぞれ標準としている。

2-2-9　オーニング

景観エクステリアとして独立タイプが用いられることが多い。日よけだけでなく設置する地域の自然環境に対応した強度設計や、防雨処理の素材でつくられたものを選定する（写2-59）。

車止めの製品例

写 2-54　ポール形状の車止め

写 2-55　ゲート形状の車止め

通路シェルターの製品例

写 2-56　片側支持タイプ、ポリカーボネート屋根の通路シェルター

手すりの製品例

写 2-57　階段に設けられた 2 段手すり

高欄／防護柵の製品例

写 2-58　橋の歩道に設けられた高欄、防護柵

オーニングの製品例

写 2-59　独立タイプのオーニング

喫煙所・休憩所の製品例

写 2-60　喫煙所

写 2-61　休憩所

建物と一体として計画されたオーニングは、建築基準法の適用を受けることがある。また、防火地域などでオーニングを使用する場合は、消防法により防火性能のある生地を選ぶ必要がある。オーニングが道路にはみ出す場合は、道路法や道路交通法を遵守する。

2-2-10　喫煙所・休憩所

2020年に施行された改正健康増進法により、一般の施設などにおいて一定の場所以外の喫煙が禁止されたことにともない、屋外の喫煙スペースの需要が高まっている。四方囲いや屋根付タイプの製品がある（写2-60）。

喫煙所には、喫煙専用室、加熱式たばこ専用喫煙室、喫煙目的室、喫煙可能室、屋外喫煙所があり、それぞれの喫煙室が改正健康増進法の技術的基準を満たすことが必要となる。

また、屋根付きタイプはその形状を生かして、バス待合所や工場などの休憩所としても利用される（写2-61）。

2-2-11　サイン

集合住宅や施設、工場などの銘板や掲示板、誘導案内板などに利用される（写2-62、63）。

2-2-12　ゴミ収納庫・ゴミストッカー

集合住宅や地域の共同ゴミ収集場所に設置される。設置場所に対応した様々な製品がある（写2-64、65）。

サインの製品例

写2-62　掲示板

写2-63　誘導案内板

ゴミ収納庫・ゴミストッカーの製品例

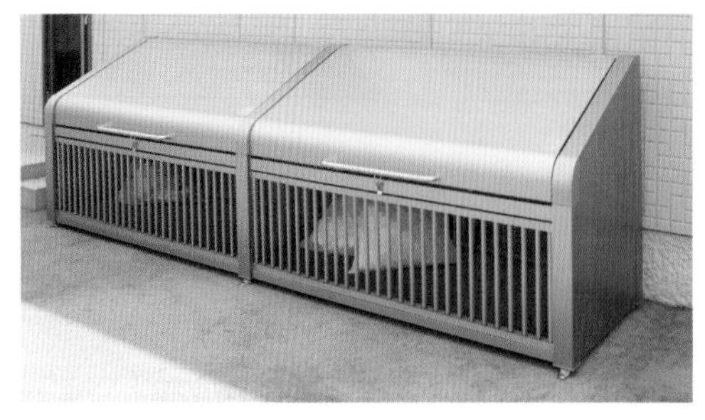

写2-64　ボックスタイプ

写2-65　メッシュタイプ

2-3　エクステリア照明の基本的知識

近年、エクステリアにおいて、建物と外部住環境の調和を重視し、住んでいる人が心地よさや情緒を感じる感性に訴えかけるデザインが増えている。これにともない、エクステリアにおける照明器具の役割も、門まわり、アプローチ、玄関まわりの安全な歩行のための明るさの確保や防犯対策を目的としたものだけでなく、建物の壁や樹木・植栽のライトアップや空間の雰囲気アップなどの演出を目的としたものへと拡大している。

照明器具の光源にLEDが主流となり、従来の白熱灯・蛍光灯と比較して省エネ化、器具の小型化が進んだことや、配線工事に電気工事士の資格がいらない直流低電圧照明器具が普及したこともあり、エクステリアにおいて照明器具を提案する機会が従来より増えており、今後も拡大していくと予想される。

以上のような現状を踏まえ、照明提案時に役立つ基本的知識として、カタログなどで使用される照明に関する用語や照度分布図などの読み方について解説する。

2-3-1　照明器具のスタイルによる分類と特徴

エクステリアの照明器具については、戸建住宅、集合住宅や公共空間など設置する部位や目的により器具スタイルは多岐に渡るが、よく提案される器具スタイルを次に挙げる。

A　スポットライト

集光性があり、照射する方向を自由に変えられる照明器具。エクステリア用としては天井付け・壁付けタイプのほかにスパイクで地面に設置するタイプがある。

演出効果が高く、樹木、オブジェや壁面のライトアップに使用される。用途に合わせて、明るさ、配光、光色などのバリエーションが用意されている（写2-66、67）。

B　ポールライト

ポール上部に照明灯具がある照明器具。地上高300～1,000mmのものが一般的である。

地上からの高さを確保できるため、広範囲を照らしたり、高さのある植え込みの中にも設置したりできるため、集合住宅などで広く使用されている（写2-68）。

C　スタンドライト

地面に設置し、低い位置から地面や植栽を照らす照明器具。住宅における植栽のデザインが従来の造形的な高さのある植え込みから、雑木による自然風植栽に変化したことにより、近年はポールライトに替わり使用される機会が増えている（写2-69～71）。

D　ブラケットライト

建物や門袖などの壁面に設置される照明器具。建物、エクステリアのデザインに合わせて、シンプルなものから装飾的なものまでデザインバリエーションが多い（写2-72～74）。

特に玄関ポーチで使用されるものについてはポーチライトと呼ばれ、人感センサーが内蔵され、スイッチの入切操作をすることなく点灯するタイプが多く採用されている。

E　建築化照明器具（ライン照明）

建築物・建材の一部として照明器具を組込み、照明器具の存在感をなくし、間接光によるグラデーションで演出する照明器具。建築モジュールに合わせた長さの違いによってラインアップされており、曲線に沿って配置できるようにフレキシブルに本体が曲がるものもある（写

スポットライトの製品例

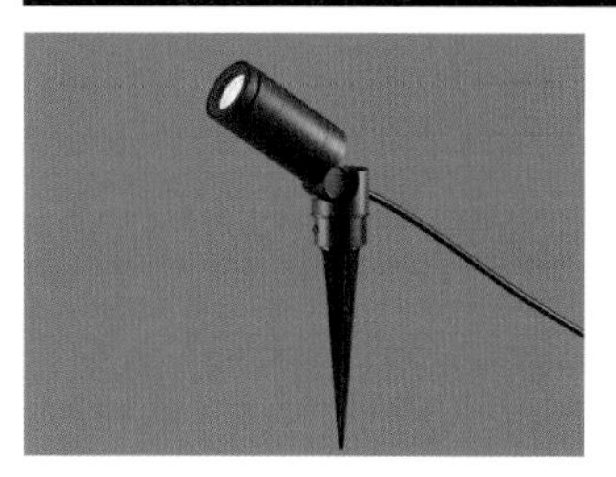

写 2-66　スパイクタイプ

写 2-67　壁付けタイプ

ポールライトの製品例

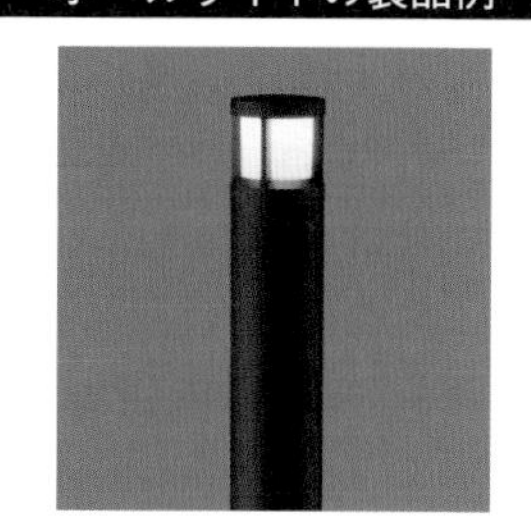

写 2-68　照度センサー、人感センサー付きなどもある

スタンドライトの製品例

写 2-69　コンパクトな円筒タイプ

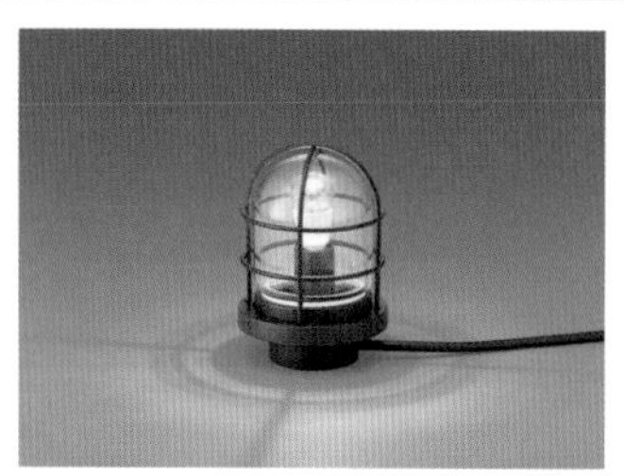

写 2-70　マリンライトタイプ

写 2-71　和風行灯タイプ

ブラケットライトの製品例

写 2-72　縦長デザインタイプ

写 2-73　キューブデザインタイプ

写 2-74　クラシックな洋風タイプ

建築化照明器具の製品例

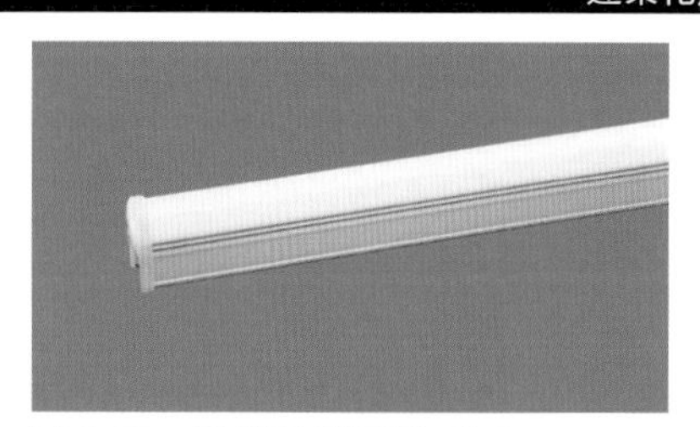

写 2-75　屋外用は防雨型である

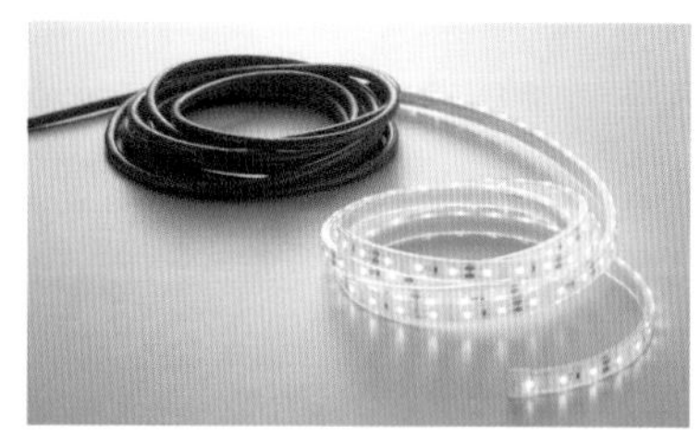

写 2-76　曲面に対応したタイプもある

ダウンライトの製品例

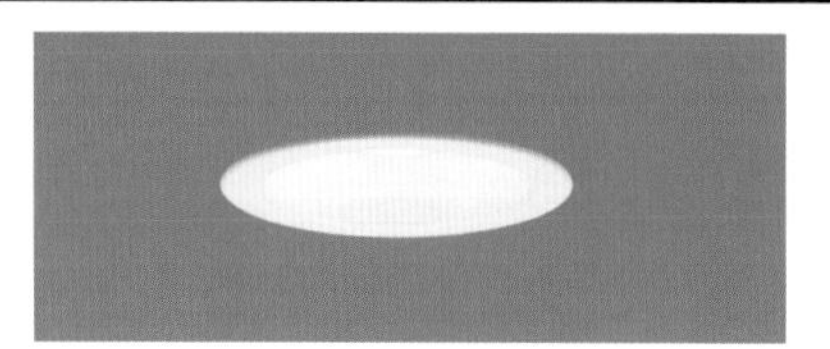

写 2-77　屋外用は防雨型である

グランドライトの製品例

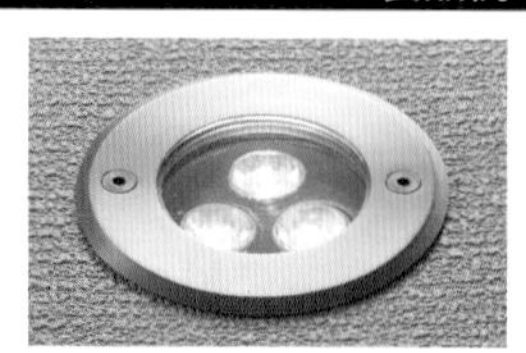

写 2-78　一度施工するとやり直しは難しい

2-75、76)。

エクステリアで使われる細い断面のものは、点灯させるための電源が別置のものが多い。

F　ダウンライト

天井に埋め込むタイプの照明器具。天井からの出幅が小さいために目立ちにくく、建物のデザインテイストに関係なく使用できる汎用性から、戸建住宅の建物では多く採用されている。ポーチライトと同様、玄関ポーチでは人感センサー付きも一般的である（写 2-77)。

近年では､内天井を有するタイプのガーデンルームや､カーポートでも使用されるようになっており、屋内と同様に拡散光タイプだけでなく集光タイプもある。

G　グランドライト

地面に埋め込んで設置する照明器具。カラー演出や、人や自動車の誘導を目的とした低光束のものから、壁や樹木のライトアップを目的とした高光束のものまである。

器具が目立たないノイズレスな空間をつくることができるが、人や自動車が通る場所では、その荷重に耐えられるものを選ぶ必要がある。

また、壁のライトアップの場合、壁などからの距離によって壁に映る光の形が変わるため、綿密に設置位置の検証をする必要がある。結露や冠水などが起こりやすいため、施工に関しても排水経路などを十分に配慮する必要がある。

2-3-2　電源電圧による分類と特徴

住宅用のエクステリア照明では、電源電圧により次の二つの方式に分類される。

A　交流用照明器具

商用電源（一般住宅用では交流 100V）により点灯する照明器具。コンセントに電源プラグを差して使うものを除き、電気の配線工事には原則、電気工事士の資格が必要となる。

タイマー、照度センサー、人感センサーなどの制御スイッチと組み合わせることで、用途に合わせて、様々な点灯制御をすることが可能。後述の直流低電圧照明器具と違い、配線長による電圧降下の影響は少ないので、一般住宅では通常、その考慮はしなくてよい（図 2-6)。

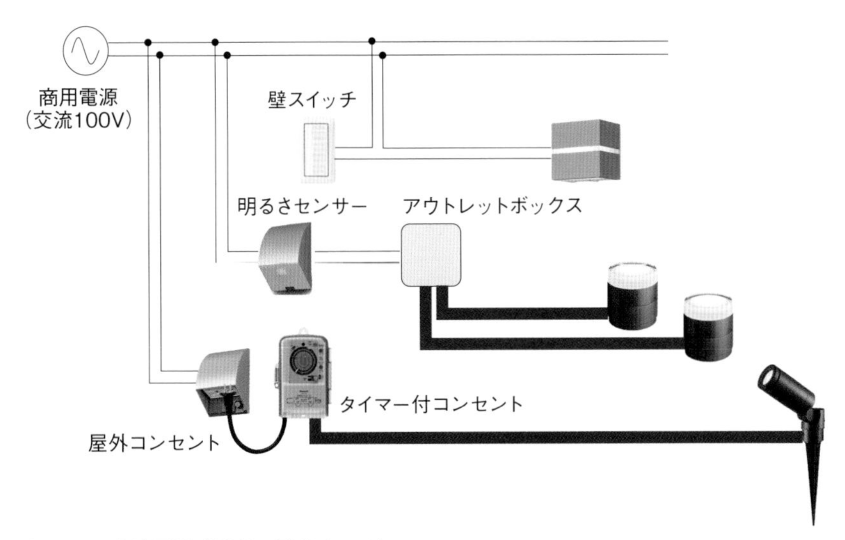

図 2-6　交流用照明器具の配線イメージ

B　直流低電圧照明器具

商用電源を直流低電圧（一般的には直流 12V または 24V）に変換して出力するトランス電源と、直流で駆動する専用照明器具からなるシステム。トランス電源の出力は直流低電圧なので、接続する専用照明器具の配線に電気工事士の資格が不要なのが特徴である。

点灯・消灯は、トランス電源に内蔵された明るさセンサーやタイマーで一括制御するものが一般的である。接続できる照明の台数は、トランス電源の容量、照明器具の消費電力による。また、低電圧のため、使用しているケーブルの電気抵抗値、配線長さによる電圧降下の影響が大きく、提案時には電圧降下の計算が必要になる。照明器具が直流駆動なので、配線の＋－の極性を間違えると不点灯や破損の原因となるため、施工時に注意が必要となる（図 2-7）。

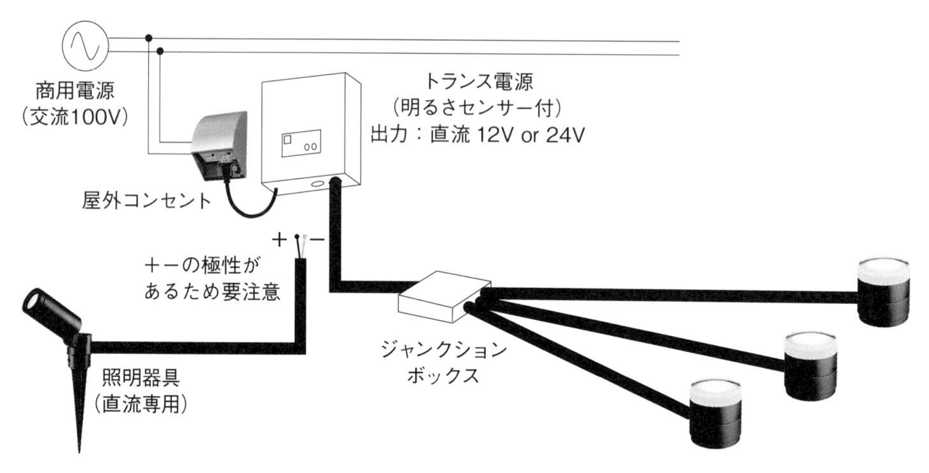

図 2-7　直流低電圧照明器具の配線イメージ

2-3-3　照明器具に関する用語解説

照明提案をしたり、カタログで照明器具を選定する際に知っておきたい専門用語や単位、照度分布図の読み方などについて解説する。

A　光束

光源から照射される単位時間当たりの全方向の光の量。単位は lm（ルーメン）。

カタログなどでは、照明器具の光束は「定格光束」または「器具光束」、ランプの光束は「全光束」または「ランプ光束」と表記される。使用する空間の規模により計画する照明器具の光束が異なるが、住宅エクステリアでは一般的に約 100 ～ 800lm 程度の光束のものがよく使われる。

B　光度

ある方向への単位立体角内に照射される光束（光の量）で、各方向への光の強さを表す。単位は cd（カンデラ）。

光源や照明器具から出てくる光が、どの方向にどれだけの光度を出しているかを表すものとして図 2-8 のような配光曲線がある。

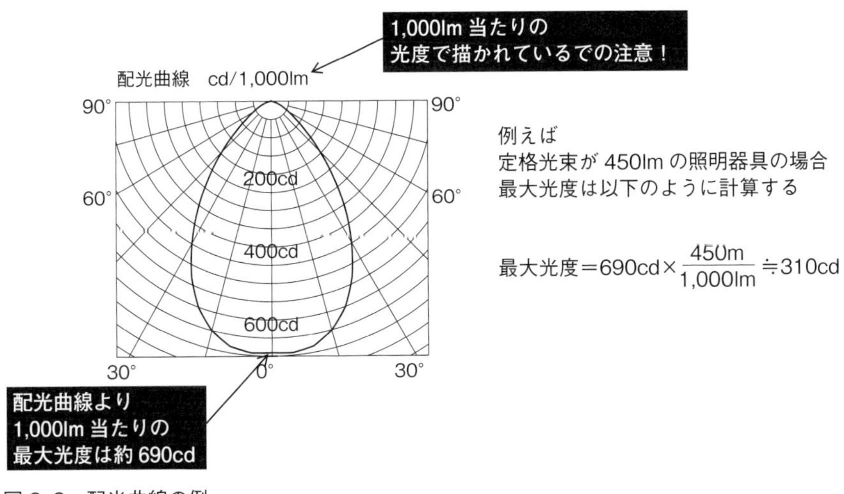

図 2-8　配光曲線の例

C　照度

単位面積当たりに入射する光の量（光束）。単位は lx（ルクス）。空間の照明設計においては、一般的にこの照度を使う。

JIS では使用場所、用途別に維持照度（使用期間中に下回らないようにすべき照度）の推奨値が定められている。住宅エクステリア空間での推奨値は表 2-3 の通り。JIS は法令ではないので必ず適合させる必要はないが、明るさの目安として知っておきたい。

表 2-3　JIS による住宅エクステリア空間の維持照度推奨値

部位		照度範囲
門・玄関	表札・新聞受け・押しボタン	20 ～ 50lx
	通路	3 ～ 7lx
	防犯	2lx
車庫	全般	30 ～ 75lx

部位		照度範囲
庭	パーティー・食事	75 ～ 150lx
	全般	20 ～ 50lx
	通路	3 ～ 7lx
	防犯	2lx

参考 JIS Z 9110:2010 照明基準総則

D　輝度

ある方向への光度を、その方向への見かけ上の面積で割った値。ある方向から見た、ものの輝きの強さを表す。単位は cd/m^2（カンデラ・パー・平方メートル）。

同じ光度である場合は、点光源に近いほど輝度が高くなる（図 2-9）。

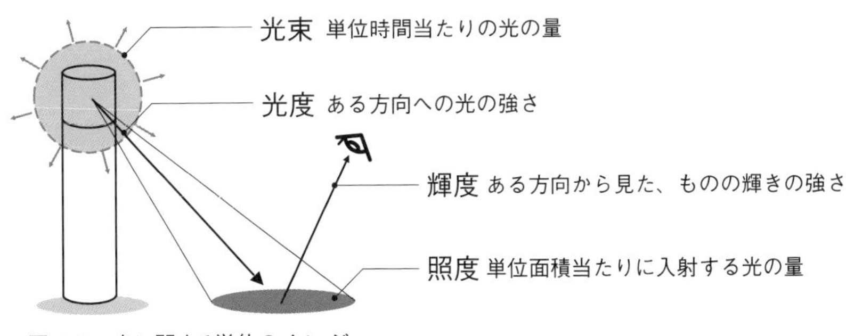

図 2-9　光に関する単位のイメージ

E　色温度

光源の光色を数値で表したもので、単位はK（ケルビン）。赤みがかった光色ほど、色温度の数値が低く、青みがかった光色ほど色温度の値は高くなる（図2-10）。

カタログなどには色温度に対応して「電球色」などの呼び名で表記されることがあるが、表2-4のように色温度には範囲があるため、色温度の呼び名が同じでもメーカーにより色温度の数値が異なる場合もあるので、商品選択の際には注意したい（例：電球色⇒A社：2,700K、B社：2,800Kなど）。

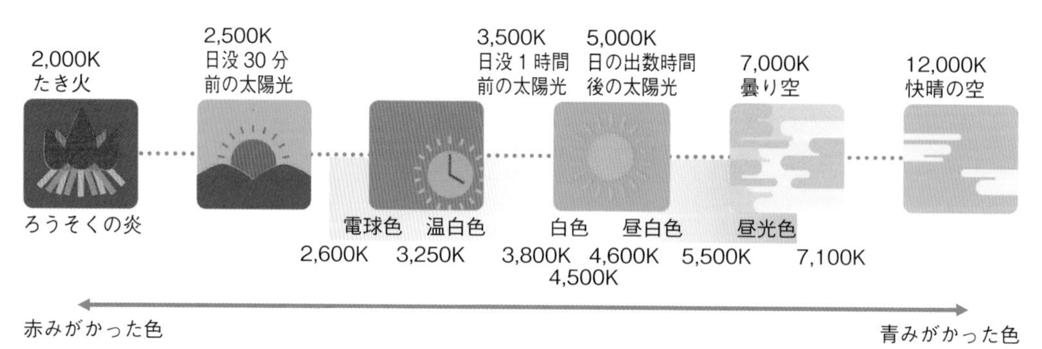

図2-10　光色のイメージと色温度の例

表2-4　光源色の区分と色温度の範囲

光源色の区分	色温度の範囲	光色のイメージ
電球色	2,600～3,250K	赤みがかった温かみのある光色
温白色	3,250～3,800K	やや温かみのある光色
白色	3,800～4,500K	やや黄色みがかった白い光色
昼白色	4,600～5,500K	さわやかな白い光色
昼光色	5,700～7,100K	日中の自然光のような、青みがかった明るい印象の光色

参考 JIS Z 9112:2019 蛍光ランプ・LEDの光源色及び演色性による区分

F　演色評価数（平均演色性評価数）

基準光源に対する対象光源の色見えの忠実度を表す数値を演色評価数という。基準光源での見え方と近いほど値が大きく、最大値は100である。

JISで決められた15種類の色票のうち、8色（No.1～No.8）の演色評価数を平均した値を平均演色性評価数Ra（アールエー）といい、通常はこのRaが演色性を表す数値としてカタログなどに記載されている。一般住宅ではRa80以上あれば、色の見え方を実用的に満足できるといわれている（図2-11）。

G　1/2ビーム角

スポットライトやダウンライトなどの指向性がある光の広がり方を表す指標で、最大光度の1/2の光度になる2点の光中心に対する角度。カタログなどで単に「ビーム角」とだけ表記されている場合は、一般的にはこの「1/2ビーム角」を指す。

例えば、図2-12のような配光曲線を持つ照明器具の場合、最大光度3,000cd（1,000lm当たり）であり、その1/2の光度1,500cdとなる2点より1/2ビーム角は約22°と読み取れる。ビー

■試験色

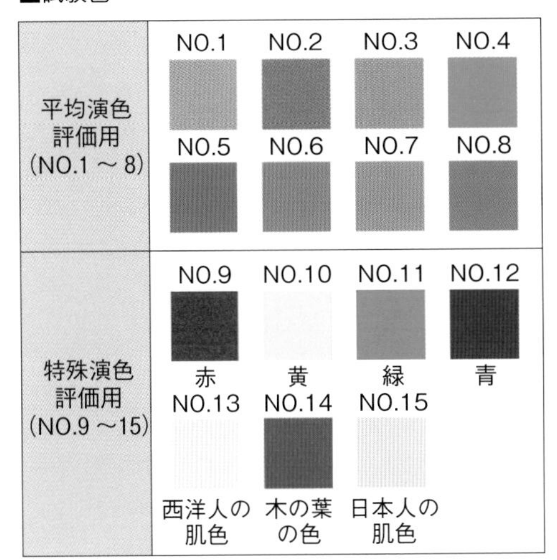

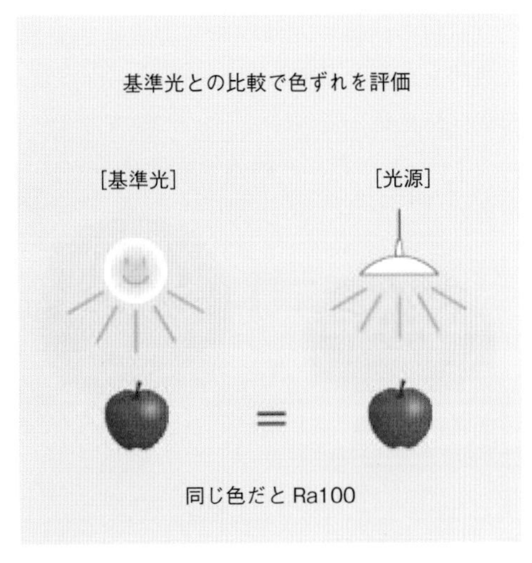

参考 JIS Z 8726:1990「光源の演色性評価方法」　注意 印刷の都合により実際の色票とは若干色調が異なる

図 2-11　平均演色性評価数の試験色

ム角は光度を使用するが、一般に馴染みがないため、エクステリアメーカーの照明器具のカタログでは、後述の1/2照度角で表すことが多いようである。

カタログなどでは光の広がり方を「狭角」「中角」「広角」という呼び名で表記することがあるが、その表示は表2-5に示す1/2ビーム角の範囲で定義されている。

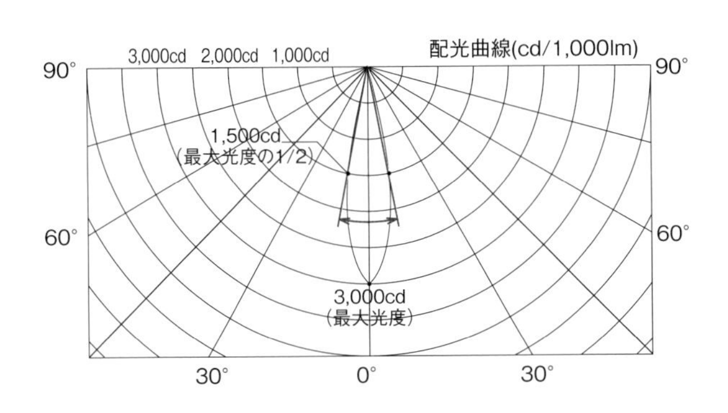

図 2-12　1/2ビーム角

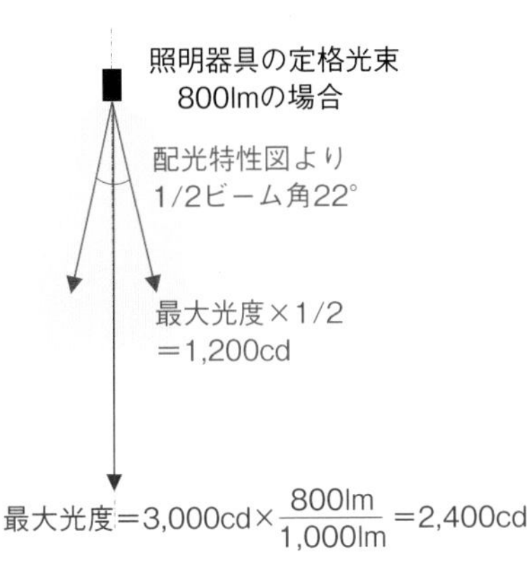

表 2-5　1/2ビーム角による呼び名

呼び名	1/2ビーム角の範囲
狭角	15° 未満
中角	15° 以上 30° 未満
広角	30° 以上

参考 日本照明工業会 ガイド A134「LED 照明器具性能に関する表示についてのガイドライン」2020

H　1/2 照度角

ビーム角と同様に光の広がり方を表わす指標。ビーム角が光度で表わしているのに対して、照度角は受光面を基準とした直下水平面照度（中心照度）の1/2の水平面照度になる配光の開き角度（配光角）で表す。

図2-13のように、直射水平面照度分布図（後述）と組み合わせてカタログに表記されることが多い。

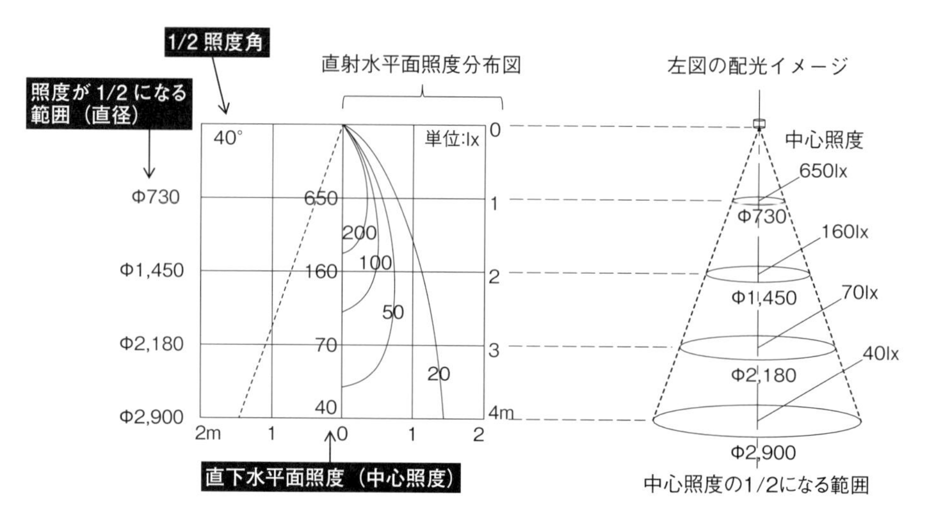

図2-13　1/2 照度角

I　消費電力・消費電力量

電気機器を動かすために使われる電力（パワー）を消費電力といい、単位はW（ワット）。

また、消費電力と使用時間の積を消費電力量といい、単位はWh（ワットアワー）で表される。消費電力量が大きいほど電気料金に影響する。

J　エネルギー消費効率

照明器具（ランプ）から出る光束［lm］をその消費電力［W］で割ったもので、1W当たりどれだけの光束が得られるかを示す。単位はlm/W（ルーメン・パー・ワット）。

この値が大きいほど、少ないエネルギーで同じ明るさを実現できることになるため、省エネルギー性能の目安となる。表2-6の通り、同等の明るさで比較した場合、LEDは従来光源と比較してエネルギー消費効率が高いことがわかる。

表2-6　同じ明るさのランプにおけるエネルギー消費効率の比較例

光源	光束	消費電力	エネルギー消費効率
60形白熱電球	810lm	54W	15lm/W
60形電球形蛍光灯	810lm	10W	81lm/W
60形LED電球	810lm	7.4W	109lm/W

※光束、消費電力は一例

2-3-4　照度分布図の解説

照明器具から出る光の広がりや、明るさを図示したものが照度分布図であり、照明器具の配置計画などに用いられる。ここでは照度分布図を読み解くために必要な基本事項について解説する。

A　水平面照度分布図

水平な面に入射する照度を水平面照度という。地図の等高線のように、同じ水平面照度の点を結んで表したものが水平面照度分布図であり、床面（地面）への光の広がり方がわかる。

〈水平面照度分布図の使用例〉

図 2-14 は同じ灯具のポールライトにおいて、ポール高さの違い（地上高 300mm タイプと 800mm タイプ）による地面への光の広がり方を比較した例である。これを見ると、地上高 300mm のタイプより地上高 800mm のタイプのほうが灯具周辺の照度は暗くなるが、1lx の照度を確保できる範囲（太線）は広がっていることがわかり、配灯ピッチの検討等に用いられる。

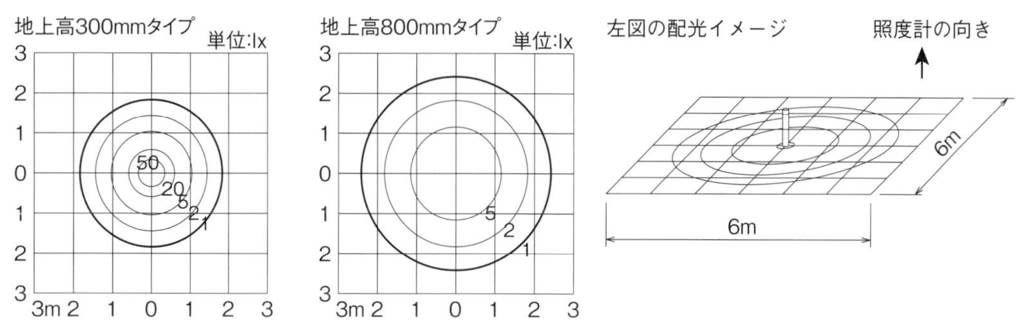

図 2-14　水平面照度分布図の例

B　直射水平面照度分布図

縦軸に照明器具からの距離、横軸に照明器具直下からの水平距離をとり、曲線で表される水平面照度の得られる範囲を表したもの。ダウンライトやスポットライトなどで取付け高さに対して光がどれくらい広がっているか、器具からどれくらいの距離まで目的の照度が届くか等を確認することができる（図 2-15）。

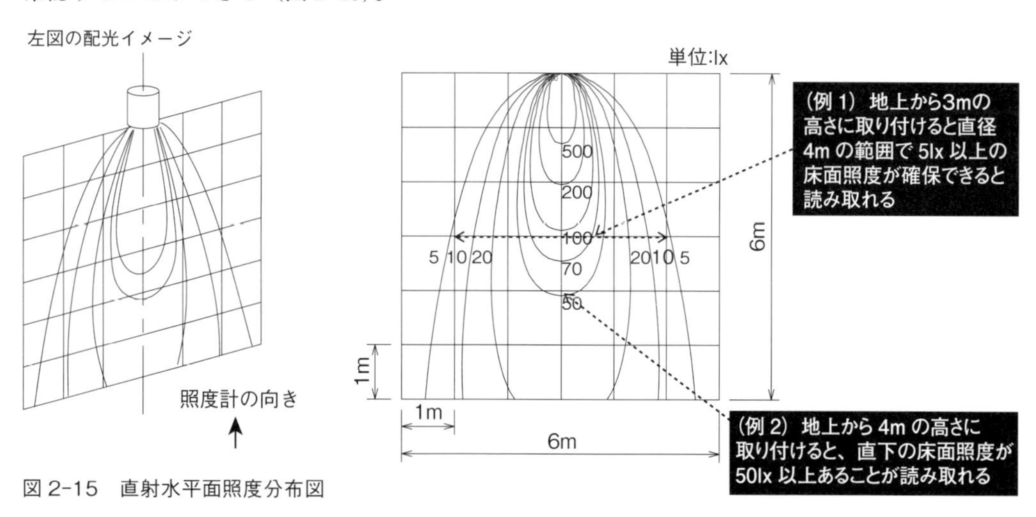

図 2-15　直射水平面照度分布図

〈直射水平面照度分布図を応用した事例〉

樹木をライトアップするスポットライトを選ぶために活用した事例を紹介する（図 2-16）。

スポットライトＡもスポットライトＢも定格光束は同じ 570lm であるが、直射水平面照度分布図を見ると、それぞれの配光が異なることがわかる。樹木の葉の形や色を認識できる照度は 50~70lx 程度が必要であるから、スポットライトＡ、Ｂそれぞれの 50~70lx の照度ラインを樹木のサイズに重ねて描いてみれば、ライトアップした際のイメージが想像できる。光束は同じ値だが、スポットライトＡのほうが上部までしっかり照らせるのに対して、スポットライトＢでは上部における照度が不足すると考えられる。

このように照度分布図を確認することで、器具選定を適切に行うことができる。

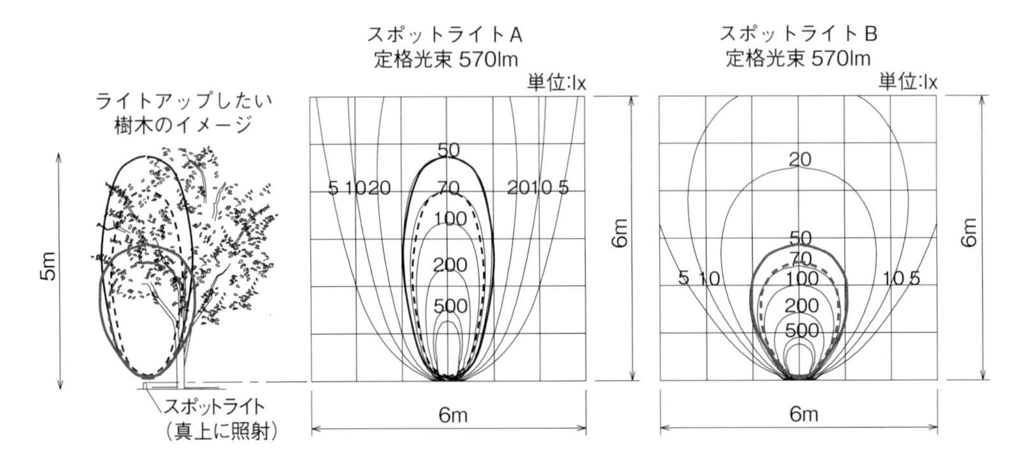

図 2-16　直射水平面照度分布図の活用例

第3章

エクステリア製品の
不具合事例と
原因、処置、対策

門まわり 01 対象製品 門扉

門扉本体が傾いて擦れたり、異音がする

3 年経過後に門扉の開閉時に扉が擦れて異音がするようになった

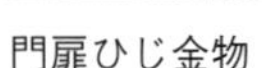

門扉ひじ金物

門扉の傾き

原因と処置

原因 1：経年変化による門扉の吊り込み金具の緩み。

処置 1：メーカーの施工要領書に基づき、吊り込み金具の上下、左右、前後の調整を行ってみる。

- 上下の調整…丁番取付けネジを緩めて調整を行う。施工要領書等に合わせて、門扉の下端と床との寸法を調整する。
- 左右調整……ひじ金具の左右調整ネジを回して調整する。施工要領書等に合わせて、門扉の突合せ部分の隙間（門扉と戸当たり門柱の間）を、標準寸法に調整する。
- 前後調整……ひじ金具の前後調整ネジを回して調整する。ひじ金具の前後調整は、ひじ金具が扉１枚につき２箇所、門扉の上部と下部にあるので、それぞれ調整する。調整が終わったら、固定ネジを確実に締める。

原因 2：門扉に子供がぶら下がるなど、乱暴に開閉を行った。

処置 2：処置１に示した吊り込み金具の調整を行っても、扉本体の傾きによる開閉時の擦れ、異音が解消しない場合は、門扉柱の傾きが疑われるので、門扉柱の再施工を行う。

対策

計画・施工上の留意点：経年変化により、吊り込み金具は必ず緩むことが想定されるので、施工要領書等に合致した寸法で施工を行い、緩みが発生した場合に調整できる寸法を確保しておくことが必要である。

メンテナンスの方法・再発防止策等：門扉にくるいが生じたら、扉に傷が付く前に、早期に調整する。定期巡回サービスを行っている場合は、必ず検査項目に入れておく。竣工引渡し時には、扉の扱い方の説明（子供が扉にぶら下がる、扉を乱暴に閉めるなどの禁止）を施主に十分に行う。

引渡し直後から門扉の開閉、施錠がスムーズでない

未施錠時に扉が勝手に動いたり、扉本体を少し持ち上げないと施錠できない

門扉段落ち

門扉の調整を行うヒンジ部分

原因と処置

原因 1：門扉の上下、左右、前後の調整を行った後、固定ネジの締め方が緩かったため、扉が正常な位置からズレた。

処置 1：再度、上下、左右、前後の調整を行った後、固定ネジをしっかり締める。

原因 2：門扉柱の施工不良。

処置 2：次のような場合は、柱の再施工をする。

- 柱が垂直に施工されていないため、調整金具の調整では修正できないことがある場合は、柱を再施工する。
- 柱の基礎施工が不十分なために門扉の自重で傾いて、調整可能範囲を超えている場合は、柱を再施工する。

原因 3：工事管理者の検査確認不足。現場検査時に十分な開閉、施錠のテストを行わなかった。

処置 3：状況により、処置 1、2 を行う。

対策

計画・施工上の留意点：施工要領書等に合致していないような無理な寸法で計画をしていないかを、確認することが大切である。寸法が合わない場合は、扉の規格サイズを変更する、あるいは、特注寸法で加工が可能な製品の場合は、特注品を採用するようにする。

再発防止策等：現場検査時には必ず、開閉、施錠のテストを行う。また、定期アフターメンテサービス時にも、開閉、施錠のテストを行う。

スライド門扉を少し持ち上げないと施錠できない

取付け金物の摩耗、門扉の傾き、錠受けストライク位置のくるい

原因と処置

原因1：スライド門柱内の取付け部品の摩耗。

処置1：状況に応じて次の処置を行う。

- スライド門柱内の取付け部品のローラーおよびローラーベースのネジ、ボルトの緩みがないか確認し、緩んでいる場合は適度に調整する。
- スライド門柱内の取付け部品のローラーおよびローラーベースの交換修理を行う。

原因2：スライド門柱の傾き。

処置2：状況に応じて次の処置を行う。

- スライド門柱内の取付け部品の調整。
- 上記の調整範囲外の場合は、スライド門柱を再施工する。

原因3：戸当たり門柱の錠受けストライク位置のくるい。

処置3：状況に応じて次の処置を行う。

- 戸当たり門柱内の錠受けストライク位置を調整する。
- スライド門柱内の取付け部品に不具合がない場合は、戸当たり門柱を再施工する。

門扉のラッチ錠

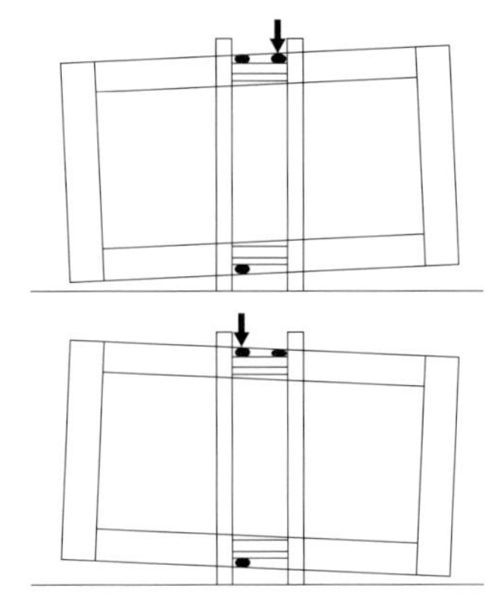

スライド門扉の傾き調整

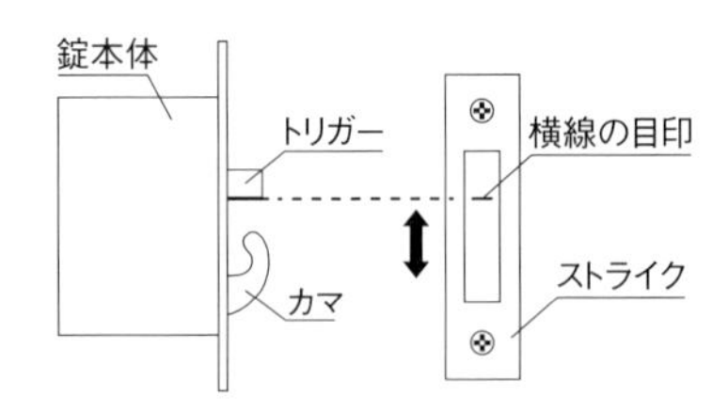

錠受けストライクの調整

対策

計画・施工上の留意点：スライド門扉は、通常の開き門扉よりも施工精度がシビアなので、施工要領書等に基づいて正確に施工する。

メンテナンスの方法・再発防止策等：施主がスライド門柱内の部品を調整するのは難しいが、日頃から扉のレール部分のゴミ、土、砂などが溜まらないように、刷毛などで清掃しておけば、不具合が起こりにくくなるので、そのことを施主に説明しておく。

門まわり 04 対象製品 門扉

門扉の電気錠が正常に作動しない

取付けネジの緩み、あるいは、取付け柱の傾きで解錠または施錠できない

原因と処置

原因1：経年変化による取付けネジの緩み。

処置1：メーカーの施工要領書等に基づき、上下、左右、前後の金具を調整する。

- 上下調整……丁番取付けネジを緩めて上下に調整する。扉下端と床との寸法はメーカーの施工要領書等に従う。
- 左右調整……ひじ金具の左右調整ネジを回して調整する。門扉突合せ部の隙間寸法は、メーカーの施工要領書等に従う。また、両開き扉と片開き扉で寸法が異なるので注意する。
- 前後調整……ひじ金具の前後調整ネジで調整する。
- 片開き扉の場合は、受け柱の錠の受け金具を上下させて位置を調整する。

原因2：上下、左右、前後の調整をしても鍵が正常に作動しない場合は、取付け柱が傾いている可能性がある。原因としては次のような状況が考えられる。

- 扉や取付け柱に大きな力が加わった。
- 柱基礎の施工不良により柱が傾いた。

処置2：調整を諦めて柱を再施工する。

対策

計画・施工上の留意点：施工直後の作動の不具合は、施工不良が原因である。施工要領書等に基づいて施工する。

再発防止策等：扉の自重による経年変化でネジが緩む可能性があることを、引渡し時に施主に説明しておく。

電気錠１（参考例）

電気錠２（参考例）

門扉にドアストッパーや戸当たりが付いていない

門扉を開いた際に壁などに当たり、傷や破損の原因になる

ドアストッパーの参考例１

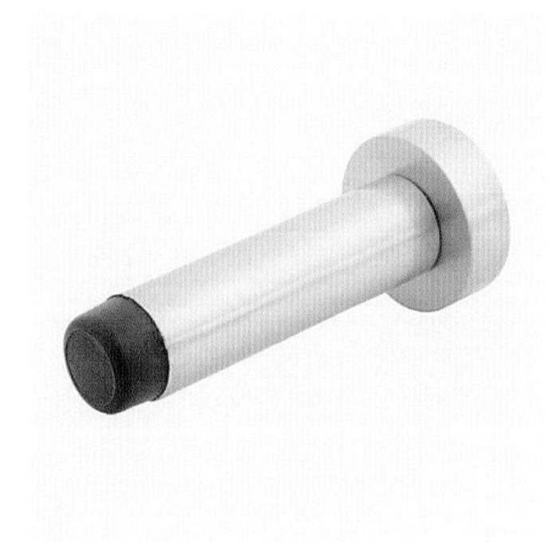
ドアストッパーの参考例２

戸当たりの参考例

原因と処置

原因：計画時および施工時に戸当たりを設置していない。

処置：状況に応じて次の処置を行う。

- 人の動線に支障がない場合は、床面にドアストッパーを取り付ける。
- 壁に扉本体や錠が当たる場合は、壁にネジ止め式のゴム製の戸当たりを取り付ける。状況により、扉本体、錠本体にゴム製戸当たりを付ける方法がよい場合もある。長さのあるフック型戸当たりを壁に取り付けることで、扉本体、錠が当たらないようになる。
- ポスト、宅配ボックスに扉本体や錠が当たる場合は、接触する所にゴム製戸当たりを両面テープで貼り付ける。状況により、扉本体、錠本体にゴム製戸当たりを付ける方法がよい場合もある。

対策

計画・施工上の留意点：門扉を取り付けるとドアストッパー、戸当たりは必ず必要になるが、設計時に適切な位置を決めることが難しい場合が多い。したがって、施工時に人の動線や見た目の美しさを考慮して、適切な位置に取り付ける。

再発防止策等：設計時に見落としがちな項目なので、ドアストッパーやゴム製戸当たりの材料費および施工費を見積書に必ず計上するようにする。できれば自社の見積書のひな形に記載しておくようにする。施主から指摘を受ける前に扉の開け閉めをして、適切な位置にドアストッパー、ゴム製戸当たりを付けておけば、施主からの不信感をかうことがない。

大型ノンレール引き戸の鍵がかからなくなった

長年の使用による摩耗、扉の高さの変化で、錠と錠受けが噛み合わなくなった

大型ノンレール引き戸（参考例）

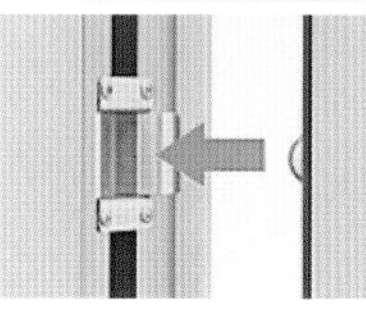
レバーハンドルの錠（上）と錠受けストライク（下）

原因と処置

原因１：戸車の異常。

処置１：状況に応じて次の処置を行う。

●戸車の取付けボルトが緩んでいる場合は、ボルトを締め直す。

●戸車が摩耗している場合は、交換修理を行う。

原因２：吊元柱の異常。

処置２：状況に応じて次の処置を行う。

●吊元柱取付けのローラーおよびローラーベースのネジ、ボルトを締め直して調整する。

●上記の調整で解決しない場合は、ローラーおよびローラーベースの交換修理を行う。

●吊元柱が傾いている場合は、吊元柱を再施工する。

原因３：戸当たり柱、錠受けストライクの不具合。

処置３：状況に応じて次の処置を行う。

●戸当たり柱の傾きがある場合は、戸当たり柱を再施工する。

●錠受けストライクの位置を調整する。

対策

計画・施工上の留意点：戸車、吊元柱のローラー、ローラーベースなどは経年劣化により摩耗するため、交換の必要性を施主に説明しておく。

メンテナンスの方法・再発防止策等：戸車の通過する箇所にゴミ、土、砂などが溜まった場合は、必ず除去する。風の強いときには、落とし棒を下ろして扉を固定する。

施工時に鋳物門扉が傷付いてしまった

柱の建込み時に手から滑り、塗料の一部を剥がしてしまった

鋳物門扉（参考）

鋳物門扉傷

養生テープの例

原因と処置

<u>原因</u>：鋳物門扉の施工中、柱を梱包材から取り出し、そのまま養生をしない状態で作業を進めていたところ、作業用手袋に基礎のモルタルが付いたままの状態で柱を持ってしまったことによる。そのため、手から柱が滑ったときに傷が付いてしまった。

<u>処置</u>：柱を建込んだ後だったので、きれいな濡れた布で柱全体を拭き、傷の範囲を確認後、傷の箇所をこれ以上増やさないために養生シートを巻いた。

施主に事情を説明し、まず補修を行うこと、補修が上手くいかなければ取り替えることについて承諾を得てから、メーカーに門扉の色品番を伝えて、補修用塗料を手配した。補修は、傷の箇所をペーパーなどで削って均してから塗料を塗布したが､上手くリペアできなかったので、柱のみを再注文して、再施工した。

対策

<u>計画・施工上の留意点</u>：施工中に製品を傷付けないためには、次の事項に留意する。

- 材料（製品）が搬入されたら定めた保管場所に置き、不用意に梱包材から出さない。
- 施工時にコンクリートなどの砂やホコリが製品に付着するおそれがある場合は、施工前に養生テープと養生シートなどで製品をラッピングし、素手で直接触らないように気を付ける。
- 製品の設置時には、不用意に砂やモルタルなどを触らないように気を付ける。もし、触ってしまってモルタルなどが手についてしまった場合は、手袋などを新しいものに取り替える。

<u>メンテナンスの方法・再発防止策等</u>：補修用塗料でリペアできた場合でも、塗装がまた剥がれたりする場合があるため、リペア材を注文して保管または施主に渡しておき、塗料が剥がれたらすぐにリペアできるようにする。

ダイヤル錠の解錠番号が分からない

入居後、解錠ナンバーが分からないため、ポストから内容物を取り出せない

回す方向と番号で解錠するダイヤル錠（集合住宅の例）

回す方向と番号で解錠するダイヤル錠（戸建住宅の例）

原因と処置

原因 1：ダイヤル錠の解除を設定したナンバーが不明、あるいは、忘れた。

処置 1：次のような方法で解決する。

- 製造元メーカーへ問い合わせ、解錠方法を教えてもらう。
- 解錠業者へ依頼する。
- 000 ～ 999 までなど、すべてのダイヤルを試す。

原因 2：初期設定ができない。

処置 2：一部の製品の中には、設定ナンバーの初期設定が必要なものもある。初期設定をせずに引き渡してしまうと、解錠ナンバーがわからずに利用できない場合があるので、取付説明書・取扱説明書等を必ず確認する。

原因 3：解錠ナンバーの引き渡し漏れ

処置 3：解錠ナンバーは取扱説明書とは別にシール・カード形式で添付されている場合がある。梱包と一緒に廃棄してしまったり、ナンバーを施主に引き渡していないことにより、解錠ナンバー不明の状態になる可能性がある。

対策

計画・施工上の留意点：メーカー・製品により扱いが異なるため、ポスト、門扉、カーゲートなどの施錠製品に関しては、必ず取付説明書等を確認する。

再発防止策等：引き渡し時、施主に施錠・解錠の方法を説明し、その場でカードなどの引き渡しを確実に行う。

門まわり 09 対象製品 ポスト

ポスト内部にサビが発生し、広がった

原因不明だが、セメントの急結剤・凝固剤、モルタルの海砂の可能性もある

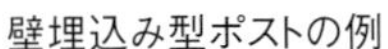
壁埋込み型ポストの例

壁掛け型ポストにもサビが発生することがある

原因と処置

原因１：埋込み型のポストがサビていると、設置後半年ほど経過した頃、施主からクレームがあった。訪問・調査を行ったが、具体的な原因は不明。疑われる要因として、セメントの急結剤・凝固剤の使用が浮上した。急結剤や凝固剤を使用することで特に冬期の施工がスムーズにいくことがあるが、製品に関しては、サビや劣化が進むことがある。

処置１：サビは一度進行してしまうと元に戻すことが難しいため、取替え対応となった。同じ製品を再手配し、水が回らないように止水のため樹脂のスペーサーを巻き、設置した。少しできてしまった隙間は、シーリング材などで埋めることで、水が浸入をしないような処置を実施した。

原因２：もう一つ考えられる原因としては、海砂を使ったモルタルだった可能性がある。砂に含まれる塩分がモルタルを通じてポストに触れ、金属でできているポストがサビびてしまうこともある。

処置２：処置１と同じ。

対策

計画・施工上の留意点：モルタルに使用する砂は、海砂、川砂、山砂などによって性質が違うので、砂を購入する場合は、産地を必ず確認する。また、特に海浜に近かったり、鉄道の路線が近くにある場合は、もらいサビが発生しやすいため、定期的な清掃の注意喚起を施主に行っておくと安心である。

メンテナンスの方法・再発防止策等：機能門柱などのユニット製品は、ポストの取付けにモルタルを使用しないため、サビなどが発生しづらくなる。

埋込み型ポストの投函口が交換できない

アフターメンテナンスの際、投函口が取り外せない

側面ビス留め仕様

埋込みライン（赤い点線）例

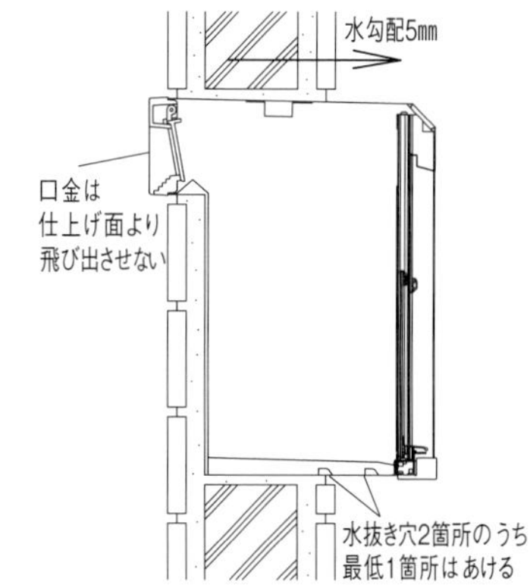

埋込み型アルミポスト断面
（三協アルミ ポストSOV型「取扱説明書」より）

原因と処置

原因：タイル張りの造作門柱に埋め込んでいる埋込み型のポストにおいて、投函蓋表面に傷が付いたため、投函口の交換の依頼を施主から受けた。

現地で確認すると、本来であれば埋込み型ポストの投函口の側面ビスを外すと、取り外しができる仕様の製品であったが、造作門柱への張り材の厚みが投函口の側面を隠してしまっていた。投函口周辺のタイルとポスト投函口が凹凸のない面になってしまっていたため、ビスの取り外しができなくなっていた。

処置：埋込み型ポストの投函口周辺に張られているタイルを一部剥がして側面のビスを外し、ポストの投函口部分を交換し、タイル張り材を補修した。

対策

計画・施工上の留意点：計画段階で、ポストの仕様と、壁の厚みに対応しているかを確認する必要がある。今回のポストは、投函口側面のビスを取り外して投函口を交換する仕様であったが、メーカーによっては取り出し口内部から投函口を取り外す仕様もある。壁の厚みについては、門柱の張り材の厚みを加味する必要がある。アフターメンテナンスまで考えて設計し、施工要領書等や、ポストによっては埋込みラインが示してあるため、それらに準じた施工を行うことが望ましい。

埋込み型ポスト内に雨水が入る

激しい雨風の際に、ポスト内に雨水が浸入して郵便物が浸った

埋込み型ポストの水抜き穴（赤で囲った部分）

保護等級	IPコード	内容
0	IPX0	保護されていない
1	IPX1	鉛直から落ちてくる水滴による有害な影響がない。防滴形
2	IPX2	鉛直から15度の範囲で落ちてくる水滴による有害な影響がない。防滴II形
3	IPX3	鉛直から60度の範囲で落ちてくる水滴による有害な影響がない。防雨形
4	IPX4	あらゆる方向からの飛沫による有害な影響がない。防沫形
5	IPX5	あらゆる方向からの噴流水による有害な影響がない。防噴流形
6	IPX6	あらゆる方向からの強い噴流水による有害な影響がない。耐水形
7	IPX7	一時的に一定水深の条件に水没しても内部に浸水しない。防浸形
8	IPX8	継続的に水没しても内部に浸水しない。水中形

耐水性能の表

原因と処置

原因：横殴りの激しい雨が降った翌日に、ポスト内の郵便物を取り出そうとすると郵便物が水に浸っていた、と施主より問合せがあった。現地確認をすると、造作門柱にポストを埋め込む際に、水抜き穴まで埋め込んでしまっていた。そのため、横殴りの激しい雨が降った際に、ポスト内に入ってしまった雨水が抜けず、郵便物が浸った。

処置：造作門柱のやり替えを検討したが、やり替えは費用的に考えると現実的ではないと判断し、ポスト内の底面にスノコを設置してかさ上げすることにした。その結果、激しい雨が降った場合、郵便物は多少濡れるが、浸ることはなくなった。

対策

計画・施工上の留意点：水抜きや埋め込み範囲は、ポストの施工要領書等に準じて施工を行う。ポスト全般の話にはなるが、ポストの耐水性能も確認しておくと、施工を起因とする水の浸入以外の場合には、施主に説明がしやすい。本事例の製品は防雨形（保護等級3、IPX3）であった。防雨形の製品は激しい雨風の際に雨水が浸入するおそれがあるため、早めの郵便物の取り出しが必要である。製品の提案時には、製品の耐水性能について説明をし、施主の理解を得ることが望ましい。

メンテナンスの方法・再発防止策等：施工要領書等に準じた施工を行った場合でも、経年によってホコリやチリで水抜き穴が詰まってしまい、水が溜まることがある。定期的にスノコを外して、清掃することが望ましい。

宅配ボックス内の荷物が取り出せない

荷物が入った状態で取り出し扉が開かなくなった

宅配ボックスに記された「荷物はここまで」の表示

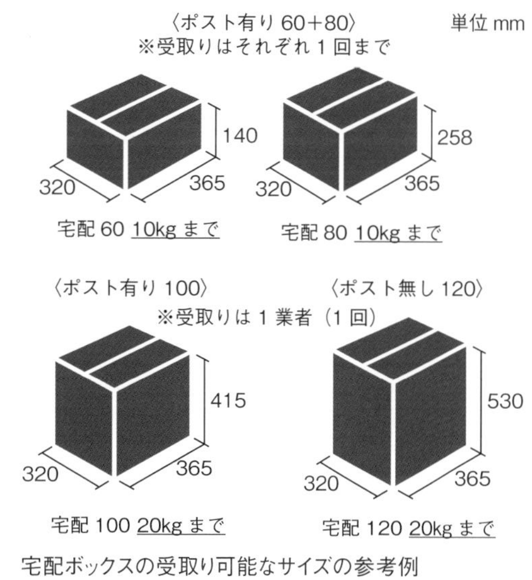

宅配ボックスの受取り可能なサイズの参考例
（ユニソン 宅配ポスト「ヴィコ DB 」取扱説明書より）

原因と処置

原因：宅配ボックスに入っている荷物を取り出そうとしたところ、取り出し扉が開かなくなった、と施主より連絡を受ける。宅配業者に荷物を確認すると、宅配ボックスの受取り可能容量以上の荷物が入っていることがわかった。入っている荷物が取り出し扉を圧迫していたため、扉を開くことができなかった。

処置：メーカーへ問合せをしてメンテナンスの依頼をしたが、強制解錠ができない宅配ボックスであったため、扉を壊すことで荷物を取り出した。

対策

計画・施工上の留意点：カタログや取扱説明書等に記載してある荷物の受取り可能容量を守ることが重要である。また、万一の場合の強制解錠が可能かどうかはメーカーによって違いがあるが、一般的に強制解錠については施工業者、施主には伝えられないため、そのつど、メーカーに問合せをしてメンテナンスの依頼をする必要がある。

その他：本事例のような宅配ボックス内の受取り可能容量を超えるという原因以外にも、ブロック門柱への埋込みの施工方法によって宅配ボックスに負荷がかかり、扉が開かないケースが稀にある。メーカーごとに埋込み枠の使用や補強などの推奨施工方法があるため、施工要領書等にそって施工することが望ましい。

宅配ボックス天端に水が残る

雨が降った後、雨水が流れなくて溜まるので目立つ

宅配ボックスの天端に残った雨水

屋根付き宅配ボックスなら雨水が溜まらない

原因と処置

原因：雨が降った後、宅配ボックス天端の水が流れないで残ったままになっている、と施主より連絡を受けた。現地確認を行うと、造作門柱に埋め込む仕様の宅配ボックスの天端に、水が残っていた。宅配ボックスは奥行きが大きいため、雨水が残った際には目立ちやすい。

処置：採用している宅配ボックスは、天端に勾配がついている仕様ではなかったため、雨が降った後は水が流れずに残ってしまうことがある。施主には勾配のない仕様の製品であることを説明し、納得していただいた。

対策

計画・施工上の留意点：宅配ボックスは、天端部分の面積が通常のポストよりも大きくなるため、雨水が残った場合に目立ちやすい。この例のような事例処理を活かすため、打合せ時には施主が気付かないような事象も伝え、納得して製品を選択できるように提案する必要がある。

雨水が残ってしまうことが気になるようであれば、設置場所の検討や、屋根が付いて天端に勾配が取れる宅配ボックスを提案することもできる。

その他：造作門柱への埋め込み仕様の場合には、宅配ボックス天端に負荷がかかり、たわみができる可能性がある。そのたわみ部に雨水などが溜まってしまう。したがって、メーカーの推奨している部材を使用した施工方法で施工し、水が残る可能性をできるだけ少なくすることが望ましい。

表札の文字が見えづらい

造作門柱に施主支給の切り文字表札を設置したが、同系色で見えづらくなった

背景と同系色のボルト留めの表札

文字部分を交換して視認率を上げた

原因と処置

原因：施主との打合せ時に、造作門柱の張り材の色と、施主支給の切り文字表札の色の確認ができていなかった。施主の色の好みで、造作門柱の張り材を表札の色と同系色で選んでしまっていたため、切り文字表札が視認しにくくなってしまった。

処置：造作門柱にボルトを埋め込んでいたため、本体の取り外しはできなかったが、表札本体が、ボルトが付いている台座と文字部分に分かれる仕様で、ビス留めであった。そのため、同じ製品の文字部分の色違いを手配して、文字部分だけを交換することができた。

文字の色と大きさを変更することで、切り文字も視認しやすくなった。

対策

計画・施工上の留意点：最近は、表札が施主支給であるケースが多くなっている。施主支給の表札がある場合には、今回のケースのような切り文字表札に限らず、造作門柱の提案の際に表札の形状、材質、色目の確認が必要である。

さらに、門柱と表札の大きさのバランスによって、施工後に「イメージと違う」と言われることも考えられるため、施工実例での確認や、門柱への設置時のサイズ確認を行うことが望ましい。施主支給であるかないかは別として、あらかじめ、表札のサイズ、材質、色を聞いておく（決めておく）のがよい。

門まわり　5　対象製品　照明機器

夜間、表札の文字が見えにくい

施主支給の表札と照明器具を組み合わせて設置したが視認性がよくない

原因と処置

<u>原因</u>：引渡し後に、施主より夜間表札の文字が見えにくいとの連絡があった。訪問して調査を行ったところ、照明器具と表札との間隔が広く、照明の光が届いていないことがわかった。

また、表札が壁からスペーサーで浮かしたステンレス製であるのに対して、照明器具は薄型で光の指向性が強いタイプであったため、より表札表面に光が回りにくく、文字の視認性がよくないと考えられた。

<u>処置</u>：施主は表札のデザインに強いこだわりがあったため、照明器具のほうを交換することで対応した。照明器具を、出幅があり、光が拡散するようなタイプに交換することで、文字の視認性を改善することができた。

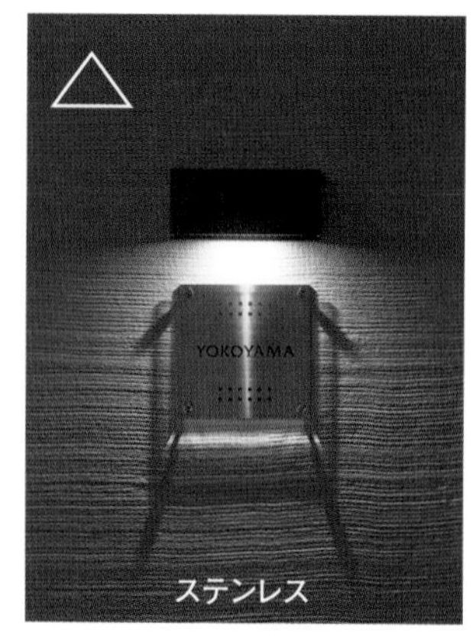

壁から浮いているデザインで、光が回っていない

照明器具を変更し、視認性が改善

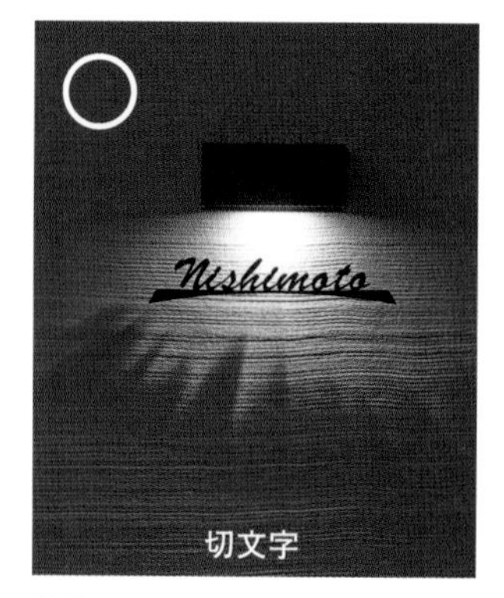

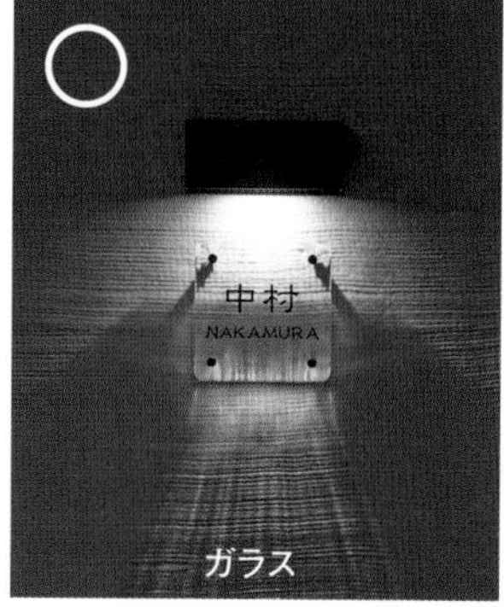

表札と照明器具は相性を考える必要がある（写真提供:4 点パナソニック）

対策

<u>計画・施工上の留意点</u>：近年、表札や照明器具が施主支給であるケースが増えている。表札はデザインや厚み、材質、仕上げなどが様々であるが、照明器具の光の出方や表札との距離など、照明器具と組み合わせた場合の相性があり、文字の視認や影の出方などでトラブルになることが考えられる。

特に施主支給品については、事前に点灯状態を確認し、表札と照明器具を組み合わせた場合に問題がないか把握しておくことが望ましい。

照明の人感センサーが誤動作する

敷地外を人や自動車が通ったときにも、センサーが頻繁に反応してしまう

可動タイプのセンサー検知部例

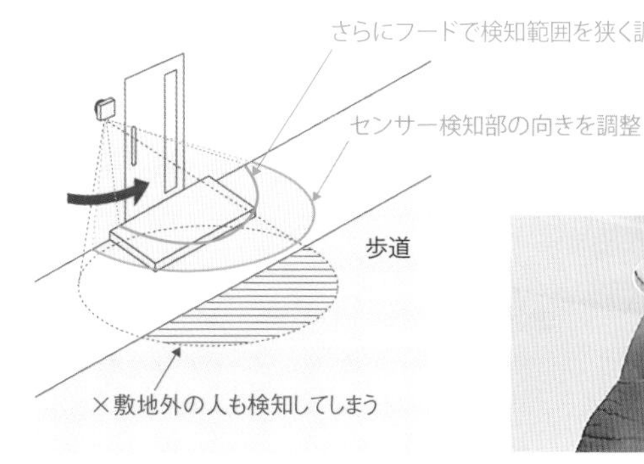

検知範囲の調整例
（図提供：パナソニック）

センサーの検知範囲を
狭くするフードの例
（写真提供：パナソニック）

原因と処置

原因 1：人感センサー検知部の向きが適切でなかった。

処置 1：人感センサーが道路側に向いており、敷地外の人や自動車を検知していたので、人感センサーの向きを建物側に動かして検知範囲を調整した。

原因 2：検知させたい範囲に対して、人感センサーの検知範囲が広過ぎた。

処置 2：付属しているフードやシールを使って、検知する範囲を狭くした。

その他：狭小地などで人や自動車の往来が多い歩道、道路に近い場所などでは、センサーが頻繁に反応してしまい対処できない場合もある。人を検知してから点灯を継続する時間を調整できる製品であれば、点灯時間を長めに設定することで頻繁に点灯・消灯を繰り返す現象を緩和できる場合がある。

対策

計画・施工上の留意点：一般的に人感センサーは、検知範囲内の温度変化を感知することで作動する。そのため、人以外の動物、自動車、エアコンの室外機などの熱でも作動することがある。設置場所によっては、設置後に処置できないケースも考えられるので、事前の現地調査や施主への設置場所の状況確認が重要である。事前に確認できれば、その結果によっては人感センサーではなく、タイマーや照度センサー等による入切等の代替案を提案することもできる。製品を選定する際には、メーカーのカタログや仕様書で人感センサーの検知範囲や仕様を確認しておく。

再発防止策等：設置後、施主の要望どおりに人感センサーが検知するかをテストする。

壁付け照明器具の本体内へ水が浸入した

コンクリートブロックで造作した門袖に取り付けたが、隙間から浸入した

原因と処置

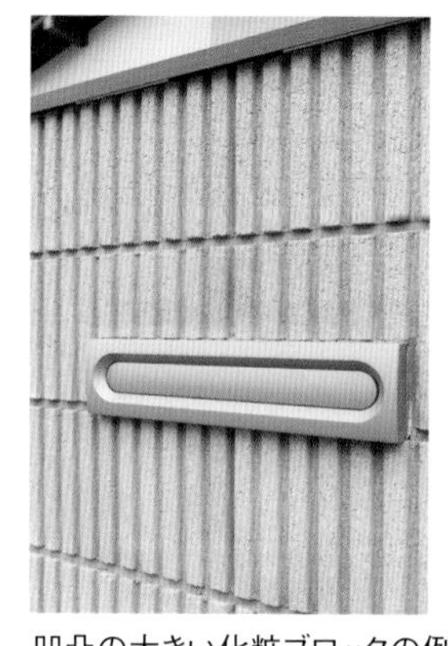
凹凸の大きい化粧ブロックの例

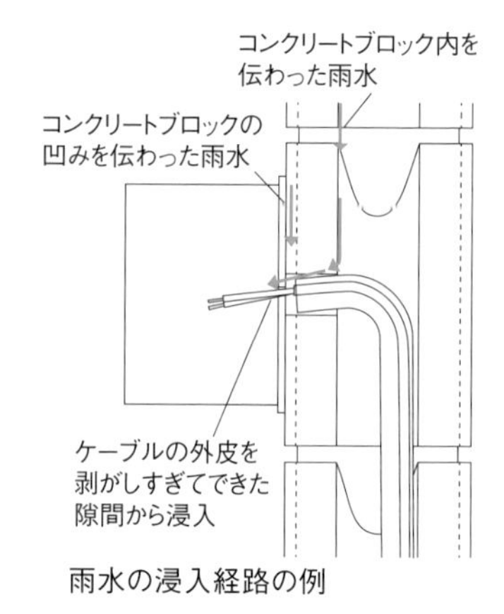

雨水の浸入経路の例

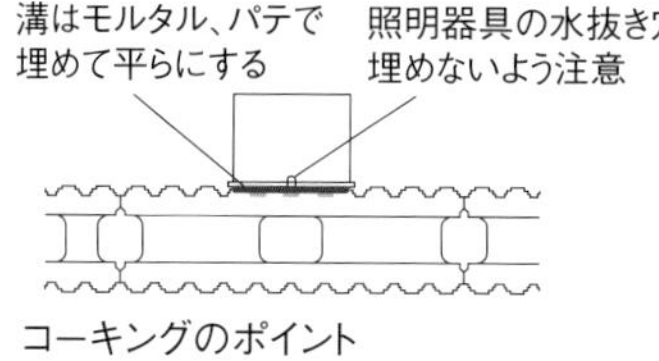

コーキングのポイント

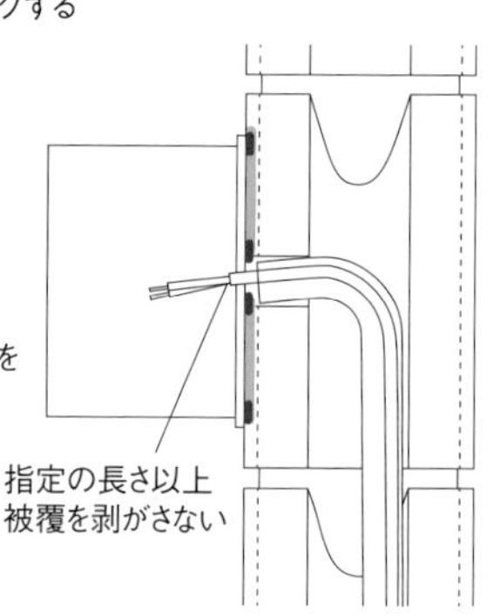

原因１：取付け場所である門袖が凹凸のある化粧ブロックのため、照明器具背面パッキンとの間に隙間が大きく、そこから水が浸入していた。

処置１：取付け面の凹部をモルタルで平らにし、取付け面と照明器具背面パッキンの隙間およびパッキン外周部コーキングを施し、水が浸入しないようにした。

原因２：さらに、照明器具の結線を確認すると、電源線のケーブル被覆部分が指定の寸法以上に剥がしてあり、照明器具背面パッキンと電源線の間に隙間ができていた。コンクリートブロック内部に浸み込んだ水が、照明器具の電源線を伝って、その隙間より照明器具本体内に浸入したと推測された。

処置２：電気配線をやり直し、照明器具メーカーが指定する長さで被覆部分を加工し直した。また、電源線周りにもしっかりとコーキングを施して、電源線挿入部より水が浸入しないようにした。

対策

計画・施工上の留意点：一般的に屋外用照明器具の背面には施工面への密着、防水を目的にしてパッキンが付いているが、凹凸の大きな化粧ブロックやコンクリートブロックの目地部分の凹凸部では隙間ができるため、必ず照明器具の取付け面を平らにし、コーキングを施すこと。また、コンクリートブロックで造作した門袖ではブロックの内側から水が浸入する可能性もあることに注意したい。

　コーキングを施す際には、照明器具に設けられた水抜き穴を塞いでしまわないよう注意する。一度水が浸入してしまった照明器具は、感電などの可能性があるため再使用しないこと。

ポールライト内の結露により点灯しない

ポールの水抜き穴が土で塞がれて湿気が溜まってしまった

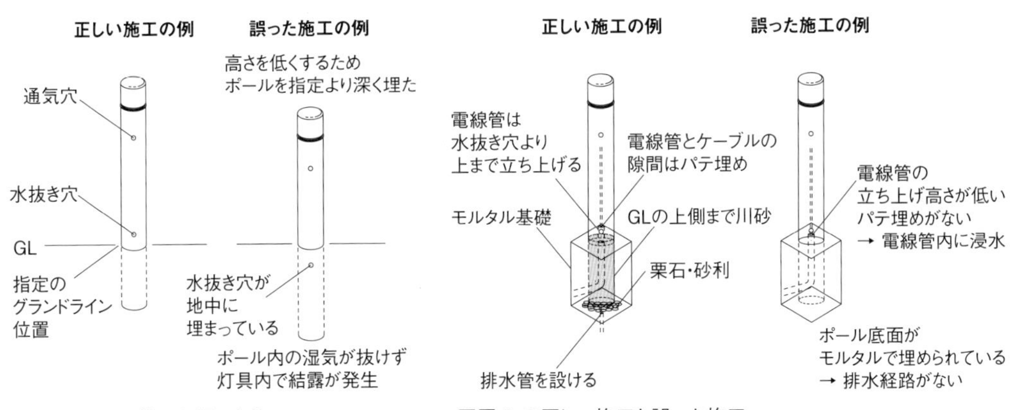

原因1の正しい施工と誤った施工　　原因２の正しい施工と誤った施工

原因と処置

原因１：メーカーの標準より地上高を低くするために、指定の埋込み位置より深くポールが土に埋められていた。それによりポール下部に設けられた水抜き穴が土で塞がれて、排水と通気が悪くなり、ポール内の湿気が照明灯具内に溜まることになった。

さらに点灯によりカバーの内側と外側で温度差が生じ、カバー内側で結露が発生。結露で発生した水がソケットの電気結線部に溜まったことで短絡に至り、最終的に不点灯に至ったものと推測された。

処置１：ポールを掘り出し、メーカー指定のグランドラインの位置に施工し直し、水抜き穴が機能するようにした。不点灯になった灯具については、感電などの危険があるため再使用はせず、代替のものに交換した。

原因２：モルタル基礎を作ってポールを固定したが、基礎の下部に排水経路を設けていなかったため、ポール内に雨水が溜まり、ポール内部が常時湿気っている状態だった。原因１の場合と同じく、灯具内に結露水が溜まり、最終的に不点灯に至ったものと推測された。

処置２：排水用の穴を設ける追加工事は困難だったため、モルタル基礎を打ち直し、メーカー指定の施工方法に従って照明灯具、ポールとも新品に交換することとなった。

対策

計画・施工上の留意点：ポールライトのポール内部には湿気が溜まりやすく、一般的にはポール内の湿気を逃がすために下部に水抜き穴、上部に通気穴が設けられている。水抜き穴、通気穴がないとポール内の通気が悪くなって結露につながるため、ポールを深く埋めたり、ポールを短く切断したりして水抜き穴を塞いだり、なくしてはならない。

門袖の上側まで光が回っていない

ポールライトを門袖前に設置したが、下方向にしか光が出ないタイプだった

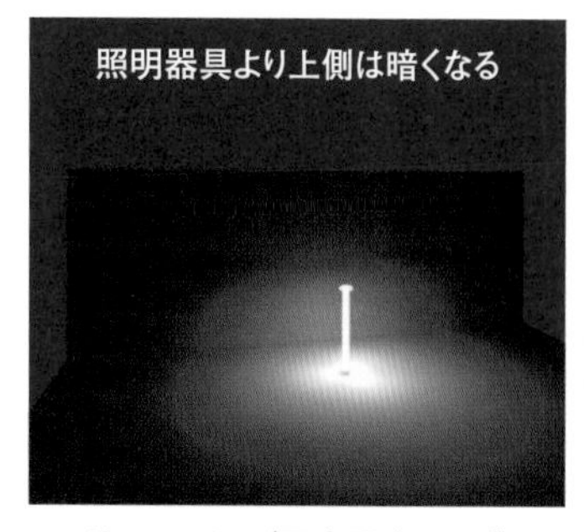

壁面全体に光が回る

ポールライト（下方配光タイプ）

ポールライト（拡散カバータイプ）

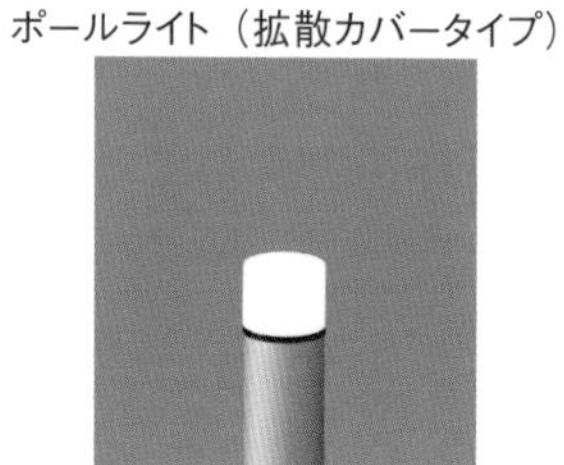

マリンライト

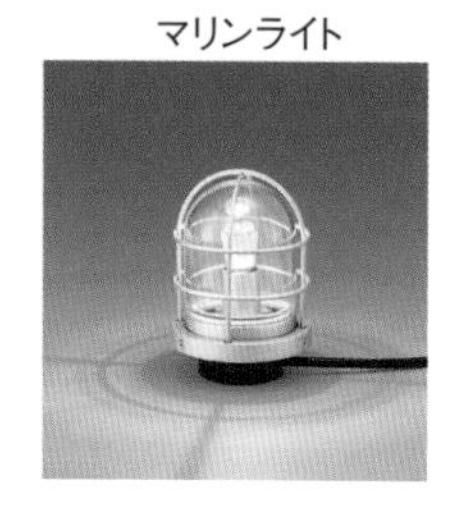

照明器具タイプによる壁面への配光イメージの違い（写真提供：3 点パナソニック）

原因と処置

原因：門袖に設置した表札の照明も兼ねて提案したポールライトであったが、下方向にしか光が出ないタイプだったため、門袖の近くに設置しても照明灯具の上方向には光が回らないため、表札を照らすことができておらず、くっきりとした影が出てしまった。

処置：同じメーカーでポール共通の拡散カバータイプの照明灯具があったため、照明灯具のみを交換して対応した。

対策

計画・施工上の留意点：壁際でポールライトやスタンドライトを使用する場合は、壁面への配光にも注意をしたい。マリンライト等の意図的な演出を目的とするのでなければ、拡散配光のタイプを推奨する。

再発防止策等：照明器具の配光の特性を考えずに提案すると、設置後に思わぬクレームにつながるケースがある。照明器具を選定する場合には、明るさだけでなく、メーカーが公開する配光データや施工事例などを確認して、提案しようとしている部位で問題ないかを事前に検討しておくことが重要である。

門柱灯で表札を照らせない

門袖の上に門柱灯を設置したが、表札を照らせていないとクレームがあった

表札に光が当たりにくい事例

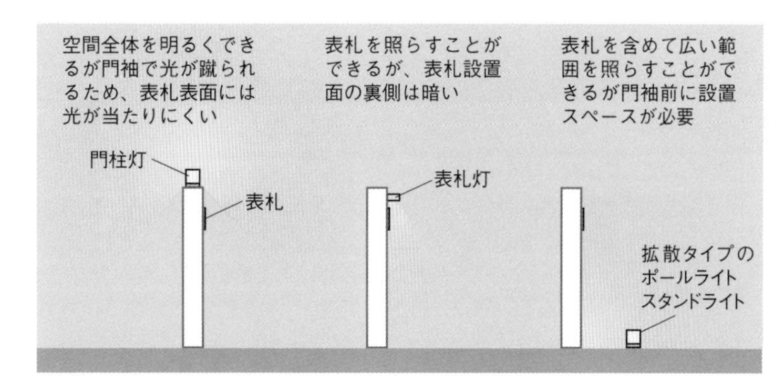

照明器具の設置位置による配光の違い

原因と処置

原因：照明器具の光の出方を理解せずに提案したため。

処置：門袖自体の施工やり直しは困難だったため、門袖の前にスタンドライトを追加設置することで施主に納得いただいた。

対策

計画・施工上の留意点:想定していた配光のイメージと異なったり、周囲の光環境の影響があったりするので、夜になってから最終チェックをすることが望ましい。

門袖の上に設置する照明器具は周囲の明かりをとるのには適しているが、門袖で光が蹴られるため、周囲に反射するものがない場合には門袖の鉛直面には光が回りにくい。したがって、表札表面への反射が期待できない環境においては、表札灯として提案することは避けたほうがよい。

表札を照らすためには、次のような方法を推奨する。

- 門袖の鉛直面にブラケットライト（表札灯）を設置する（p.74の事例に注意）。
- 門袖の前にスタンドライト、ポールライトやスポットライトを設置する（設置スペースが必要）。
- 自光式の表札を設置する。

門まわり 21 対象製品 照明機器

樹木のライトアップ時にまぶしい

隣地の住人から、深夜に光が気になるとクレームがあった

隣家に光が当たらないように照射方向には注意が必要

光の向きを調整して、道路を通行する人がまぶしくないように

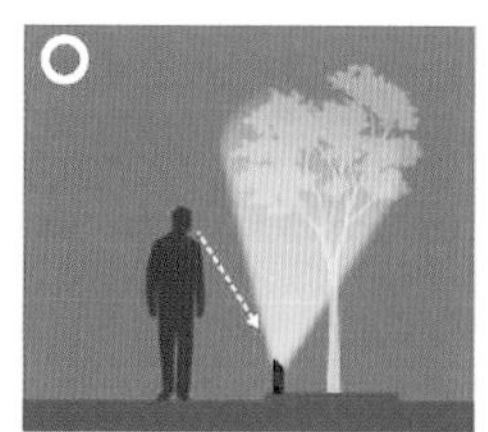

フードを使ったり、照射方向を調整し、光源が通行者の視界に直接入らないように

スポットライトでの光害例（×印）と防止例（○印）

遮光フードを装着したスポットライト例

発光面が見える

フードあり

発光面が見えない

フードのあり、なしでの発光面の見え方
（本頁の写真・図提供：パナソニック）

原因と処置

原因１：隣地との距離が近いため、スポットライトを点灯したときに隣の家の２階にも光が当たっていた。

処置１：スパイクタイプのスポットライトであったため、設置位置を調整した。また照射範囲を制限する遮光フードを付けて、できるだけ樹木だけに光が当たるよう調整した。

原因２：深夜も点灯させていた。

処置２：スポットライトの入切に消灯タイマー付の自動点滅器を使用していたが、一晩中点灯する設定となっていた。人が活動する時間のみ点灯するよう設定を変更して、深夜は点灯しないようにした。

対策

計画・施工上の留意点：シンボルツリーなど樹木のライトアップが一般的になってきているが、周囲環境への影響も考慮して照明器具の種類や明るさを選び、設置位置や照明手法を検討する必要がある。家屋が密集しているような場所では、特に注意したい。

再発防止策等：周囲環境に与える影響について、あらかじめ現地調査を行う必要がある。

門まわり 22 対象製品 照明機器

配線不備が原因で不点灯になった

照明がちらついたり、点灯しなくなったりした

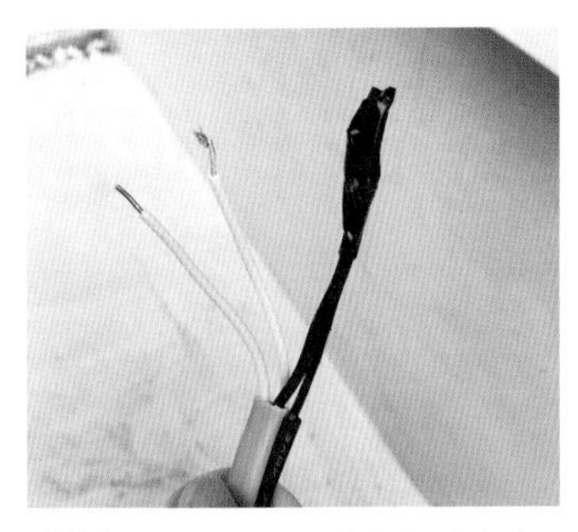

結線部はねじっているだけだったため容易に外れてしまった

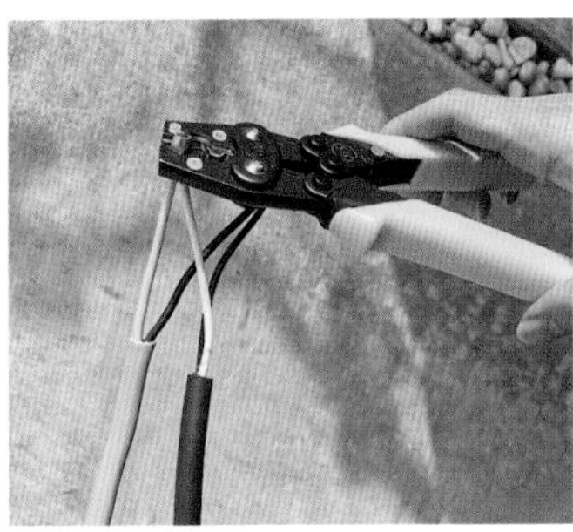

リングスリーブを専用工具で加締めているところ

自己融着テープを巻いているところ
さらに絶縁テープを巻いて仕上げる

原因と処置

原因：照明がちらついたり、点灯しなくなったりすると連絡があり点検したところ、照明器具自体には結露などの異常は見当たらなかったため、電気配線の不備が考えられた。アウトレットボックス内のケーブル結線の状態を確認したところ、電線の導体部分は機械的な固定はされておらず、導体同士をねじってビニルテープを巻いているだけだった。

絶縁保護用のビニルテープを外しただけで結線部分が外れてしまうような状態であったため、結線が不完全であったことが原因で不点灯となったと推測された。

処置：アウトレットボックス内の結線をやり直した。ケーブルの電線導体部の結線にはリングスリーブを使用し、専用工具で加締めて、結線部分が容易に外れないようにした。

結線部分の保護についてはまず自己融着テープを巻いたうえで、さらに絶縁ビニルテープを巻いて仕上げ、結線部の絶縁、防水を確実に行った。結線後に照明器具の点灯確認をしたところ問題がなかったため、やはり原因は電気配線の不備と考えられた。

対策

計画・施工上の留意点：結線同士を接続するだけの簡単な電気工事であっても正しく行われないと感電などの事故につながる可能性がある。

交流100Vの電気工事については資格が必要であるため、電気配線の点検についても必ず有資格者が行うこと。

その他：自己融着テープは、一般の絶縁テープと異なり粘着剤が使用されておらず、素材同士の「自己融着性」で固定されるテープである。引っ張りながら巻き付けることで表裏で強固に密着し外れなくなる。一般の絶縁テープと比べ高価だが、粘着剤を使用していないため、耐水性、耐熱性に優れ、絶縁性も高いので屋外での電気配線に使用される。

照明器具の電気配線の電線保護管が劣化した

昼間直射日光が当たる場所で経年劣化していた

ケーブルの保護をCD管で行っている事例

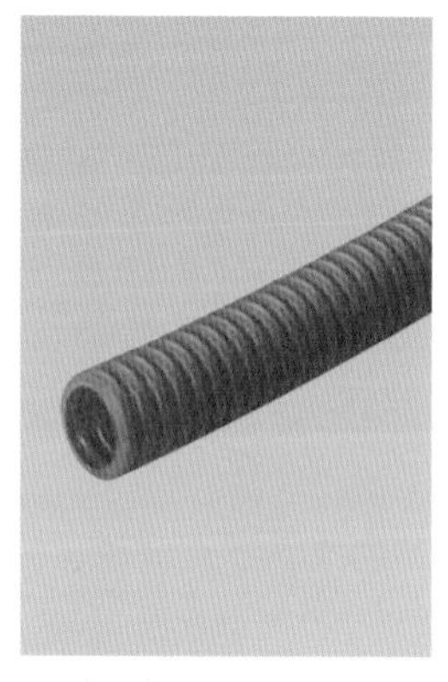

CD管（オレンジ色のみ）

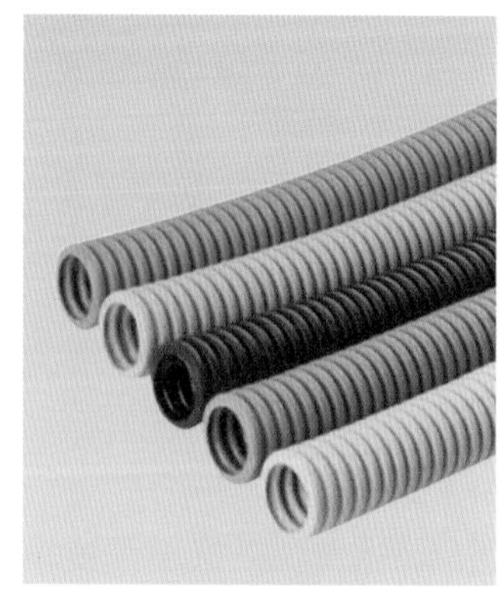

PF管（色展開が複数あり）
（写真提供：右側2点パナソニック）

原因と処置

原因：屋外で露出している箇所のケーブルの保護として、CD管（オレンジ色）で施工されていた。特に昼間直射日光の当たる場所に施工されていたため、紫外線の影響が大きく、経年による劣化が速く進んだと考えられる。

処置：劣化したCD管を撤去し、PF管に交換した。設置されている環境を考え、耐候性の高いグレードのものを選択した。

対策

計画・施工上の留意点：ケーブルの防護用に使用される合成樹脂製可とう電線管にはCD管（オレンジ色のみ）とPF管（ベージュ、ブラウンなど多色あり）の2種類がある。CD管はPF管に比べて安価であるため、露出場所でのケーブル防護用にも使用しているのが散見される。

ケーブルを使用した配線の場合、内線規程において電線管の使用は必須ではなく、ケーブルの防護用としてCD管を使用すること自体は規制されてはいない。しかし、CD管には自己消火性がなく、万が一の場合、火災の延焼の危険性があることから、合成樹脂製可とう電線管工業会の見解としてはケーブルの保護管としてCD管の施工は推奨していない。また、一般的にCD管はコンクリート埋込み用で耐候性が低いため、露出する場所ではPF管を推奨する（参考：合成樹脂製可とう電線管工業会ホームページ、2023年1月現在）。

境界部 01 対象製品 フェンス

フェンス本体を表裏反対に取り付けた

柱の埋設時に向きを間違って施工し、フェンス本体の向きも間違えた

フリー支柱を家側に設置した例

フリー支柱を外側に設置した例

原因と処置

原因：境界フェンス施工時に、フェンス本体の表裏の向きについて現場指示を間違えた。施主とのやり取りと決定した内容の把握や、営業担当者から現場管理者への申し送りを共有できていなかったことが原因。

処置：フリー支柱（自由柱）の場合、本体を取り付ける面に取付け金具や支持金具が取り付けられているため、柱の埋設をやり直すことが必要となる。

ブロック基礎の場合は、ブロックの施工もやり直す必要がある。なお、独立基礎の場合は、基礎ごと正しい面に方向を変えて、改めて埋設することで対応が可能な場合もある。

また、取付け金具や支持金具を反対面に取り付け直すことで、フェンス本体の取付け面を変更することができる場合があるが、その際に元の金具位置には取付け穴が開いたままとなる。対処として、穴を塞ぐことが考えられるが、美観を損なうことになるので、事前に施主と協議し、了解を得ることが必要である。

対策

計画・施工上の留意点：一部のフェンスを除き、一般的にフェンス本体には表裏がある。基本的にフリー支柱（自由柱）はフェンス本体の裏側に設置するが、施主による表裏の認識の齟齬（そご）を解消するために、設計見積時にフェンス本体の表面を家側、外側のどちらに向けるのか、また、柱をどちら側に取り付けるのか、設計図面などに明記することが望ましい。

再発防止策等：再発防止のためには、営業担当者と現場管理者が異なる場合は、あらかじめ申し送り資料や指示書を準備し、必要事項を共有して伝達漏れをなくすことが必要である。

境界部 02 対象製品 フェンス

形材フェンスが風により破損した

台風による強風でフェンス本体がパネルジョイント部で外れた

フェンス本体と柱位置の適切なケース

フェンス本体のジョイント部と柱との距離が 400mm ある（やや不適切な取付けの例）

原因と処置

原因：フェンス本体（横ルーバータイプ）のパネルジョイント部と柱までの距離が450mmあり、施工要領書に指示された間隔（製品により差があるものの200～300mm以下）以上になっていた。そのために、強風によりフェンス本体が、パネルジョイント部で外れたと推察することができる。

さらに、フェンス施工後、7～8年経過していたこともあり、その間の台風や強風、豪雨などの自然現象によって、取付け部品やビス締めなどを含めた部位に、一定の緩みなどの経年変化が影響したと想定できる。

処置：基礎部分を含めて、次の処置を行った。

- 柱からパネルジョイント位置までが450mmと離れていた両サイド2所箇所については、柱とパネルジョイント部までの距離が200mm以下になるように、新規の自在柱を追加した。
- フェンス基礎部は片面化粧仕様ブロック（t=150）の2段積みのため、新設柱部分はブロック上部をコア抜きして、柱の埋込みを行った。
- フェンスパネルは利用できない状態ではなかったので、フェンス全体の経年変化の風合いにも配慮し、既存パネルを用いての補修を行った。

対策

計画・施工上の留意点：各メーカーやフェンスの種類、高さにより、柱からフェンス本体のパネルジョイント部までの適用距離は異なるので、該当製品のカタログや施工要領書の記載内容に注意する。

境界部 03 対象製品 フェンス

目隠しルーバーフェンスで音鳴りがする

ルーバーの隙間を通り抜ける風の音が大きく、うるさい

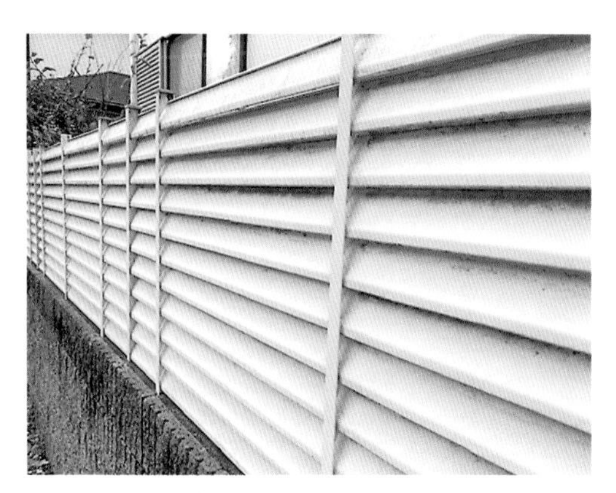

ルーバーフェンス全景写真

横桟ルーバー隙間拡大写真

原因と処置

原因：ルーバーフェンスの構造上、ある程度の音鳴りが発生するが、設置場所によって音鳴りの大きさは変わってくる。

フェンスメーカーに問い合わせたところ、縦格子デザインやルーバーフェンスなどの場合、風速、風向きによって風切り音や共鳴音が発生することがあるが、設置環境による自然現象ともいえるので、不具合ではないとの判断であった。

処置１：フェンス自体の製品としての不具合、あるいは施工上の不具合とはいえないこと、風が収まったり、風向きが変われば、自然に音鳴りもなくなること、そうした状況を施主に丁寧に説明し、理解してもらった。

処置２：音鳴りを低減する方法として、音鳴り発生時、特に振動している部分に対して、振動を抑えるために、結束バンドなどによる部分固定や、隙間にゴムや発泡体、コーキング材を詰めるなどの処置を行った。

対策

計画・施工上の留意点：現地調査時に風や音に対する予見を行う。

- 強風地域の区分け確認（基準風速 Vo=30 ～ 46m/s）。
- 強風場所であるかの確認（海岸・湖岸から 200m 以内、風除けのない田園地帯、崖上、谷あい地など）、道路と敷地の関係や敷地周辺の建物状況も風に関係するので確認する。

再発防止策等：カーポートやルーバーフェンスなど、風の影響を受けやすい製品については、音鳴りにも考慮した風に対応する設計マニュアルなどを作成し、営業社員、設計社員での共有化を確実に行う。

境界部 04 対象製品 フェンス

アルミ形材のフェンスパネルが腐食した

ガス給湯器の燃焼ガスが直接当たったことにより、酸化被膜が劣化した

フェンスの腐食（赤で囲った部分）

後付け排気アダプターの設置例

腐食が進み、外側まで広がった例

原因と処置

原因：ガス給湯器の近くにアルミ形材のフェンスを設置したが、そのパネル面内側にガス給湯器からの燃焼ガスが直接当たる状況であったため、フェンスパネルに腐食が起こった。

アルミニウムは酸素との化学親和性が非常に強いため、空気中で薄い酸化アルミニウム（AI203）の皮膜を形成する。この酸化皮膜はアルミを保護するが、耐食性を上げるためにはアルマイト処理などを行って人工的に強化された皮膜（塗膜）を用いた建材が、アルミ材として利用されている。このアルミニウムの酸化皮膜は、酸性やアルカリ性の環境下では破壊される性質を持ち、塩化物イオンなどには特に弱い性質を持っている。

今回は、酸化皮膜が燃焼ガスに直接当たる場所にあったことで、排気中に微量ながら含まれていた硫黄分が空気中の水分と化学反応を起こし、亜硫酸、硫酸のような腐食性の酸が発生し、それが表面に付着することで、酸化皮膜自体を劣化させたことによって腐食が発生した。

処置：フェンス設置後１年以上経っており、保証の対象外ではあるが、設計・施工時の確認不足によって起こった内容であったため、施主に説明とお詫びをした後、パネルを取り替えた。また、後付けで排気の向きを変えられる「後付け排気アダプター」を説明し設置をお願いした。

対策

計画・施工上の留意点：アルミ形材の製品を提案する場合は、ガス給湯器の有無を確認する。近くにある場合は、アダプターなどで燃焼ガスを回避するとともに、腐食のおそれがある旨を施主に説明して、理解を得ておく。また、周囲の通気状況が悪かったり、熱が滞留することで表面異常が発生する場合があるので、注意が必要である（給湯器の離隔距離を確認すること）。

メンテナンスの方法・再発防止策等：サビを防ぐには１年に１回程度、水洗いなどで清掃する。汚れがひどい場合は、水に中性洗剤を少し含ませて水洗いした後に拭き取る。

境界部 05 対象製品 フェンス

冬季にフェンス柱が破裂した

フェンス柱内で排水できずに溜まってしまった水が凍結膨張した

フェンス柱の埋込み部

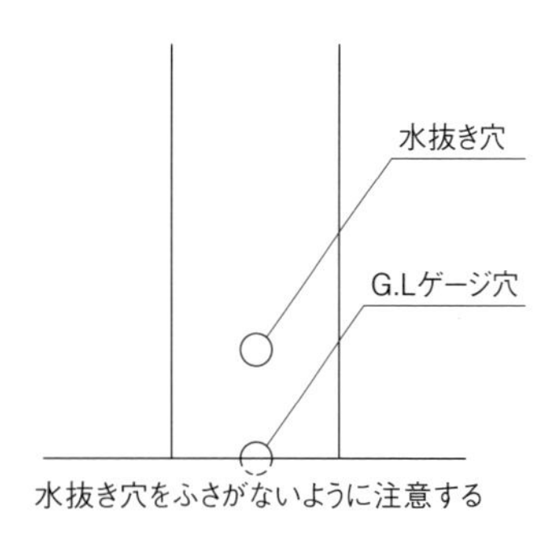

水抜き穴（三協アルミ「形材フェンスフリー支柱納まり施工要領書」より）

原因と処置

原因1：冬季の気温低下で凍結膨張による破裂が起こる場合がある。水が凍ると体積が膨張する（約1.09倍）。屋外に設置されるフェンスなどの部材の内部には多少の水が浸入する場合があるが、柱内の水が冬季などに凍結すると体積が膨張し、内部圧力が高まって柱を膨らませる。そのまま放置してしまうと材料強度が限界に達し、破裂することがある。

処置1：破裂してしまった柱や膨張により変形してしまった柱を交換し、新たに施工する。同様に施工している他のフェンス柱が無事であった場合も、柱の埋込み付近に小さな穴を開けるなど、部材内部の水を排水する処置を行う。

原因2：柱の施工の際に、排水穴を塞いで埋め込み、設置してしまったことが、凍結膨張を招いて破裂した。

処置2：フェンス柱には、柱の埋込み付近に排水用の穴が開いている。施工の際は施工要領書等を確認し、水抜き穴は塞がないように注意することが必要となる。穴が塞がってしまった際は、埋込み付近に排水用の小さな穴を開けて対処する。

その他：フェンス柱の凍結膨張は柱の破裂のほかに、柱の膨張によって埋込み部のブロックやコンクリートが破損してしまうこともある。

対策

計画・施工上の留意点：施工時は水抜き穴の下で基礎コンクリート、モルタルの充填を止め、穴を塞がないようにする。

再発防止策等：穴が塞がってしまった際は、排水用として埋込み付近に小さな穴を開ける。

フェンス設置時、隣地へ越境した

境界標がなく、施主指定の場所に設置すると、隣地側に越境していることが発覚した

原因と処置

原因：設計時点でのミスが原因であり、境界線が曖昧な状態のまま施工してしまった。

処置：施主は家を建てた時の図面を紛失していた。そこで、境界線を明確にするために土地家屋調査事務所に調査測量を依頼し、正しい境界図面を作成した。その後、隣地住人と施主の双方立ち会いのもとで境界標を設置して境界を明確にした後、境界内にフェンス基礎が収まるように設置し直した。

境界杭（赤線で囲った部分）

その他：施工から数年後に越境が発覚し、施工会社が所在不明・廃業などで責任の所在が分からない場合は、隣地住人と施主の双方で「越境に関する協定書（覚書）」を交わしておくという方法もある。法的拘束力はないが、トラブルや紛争がないことを互いに確認しあえるので、安心感が得られる。

対策

計画・施工上の留意点：工事を引き受けた時に、建築時の測量図を入手して境界ポイントを確認する。測量図が事前に入手できない場合は、調査測量を行って境界位置（ポイント）を隣地側住人と施主の双方で確認すること。フェンスの設置に関しては、境界線上より少し（5～15mm）控えて設置する。

施工時に境界標（コンクリート杭など）が動く恐れのある場合は、双方立会いのうえ、工事に影響しない部分に控えの杭（基準点）を2～3点設置し、写真を撮って確実にしておく。

メンテナンスの方法・再発防止策等：フェンスを設置した場所の周囲が土などの流動性のある地盤の場合、年数が経つと地盤の沈下などによってフェンス柱が動くことがある。その影響で2次的に境界を越境してしまうケースも考えられる。施主には1年に1回程度、フェンスの傾きなどに変化がないかを確認するように伝えておき、変化がある場合は連絡をもらう。

その他：自分の所有している土地を他人が利用して長期間その状態を維持していると、撤去や使用停止が要求できなくなる（民法第162条：所有権の取得時効）。

- 長期取得時効……20年間、所有の意思をもって、平穏に、かつ、公然と他人の物を占有した者は、その所有権を取得する。
- 短期取得時効……10年間、所有の意思をもって、平穏に、かつ、公然と他人の物を占有した者は、その占有の開始の時に、善意であり、かつ、過失がなかったときは、その所有権を取得する。

境界部 07 対象製品 フェンス

支柱がモルタル硬化前に動いた

ブロック天端に支柱を建て込み、翌日確認すると養生不足で斜めに傾いていた

クサビの設置（赤線で囲った部分）

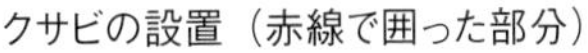

柱がまっすぐの例

原因と処置

原因 1：フェンスの支柱にキャンバー（クサビ）で仮固定をしなかったことが原因。支柱建て込み時に、高さと通りを合わせるため、両端の柱の上のほうで水糸を張ったが、その状態のまま長時間置いたために、内側に引っ張られる力が加わることで動き、固まってしまった。また、冬季の施工であったので気温が低く、モルタルの水分量が多かったので、モルタルが硬化するまでに時間がかかってしまい、長時間にわたって支柱が動く状況になってしまった。

処置 1：既にモルタルがある程度硬化していたため、傾いた支柱をいったん抜き、硬化したモルタルを除去した後に、支柱を再び設置した。その際、クサビを入れて仮固定を行い、通し水糸を柱下部側に設置、モルタルは水分を少し減らして硬めにつくり、隙間ができないように突固めて充填した。

原因 2：隣地側はすでに生活しているため、モルタルの硬化前となる夕方以降、夜間などに何かが当たってずれた可能性も考えられた。

処置 2：支柱の再施工後、隣地住人の帰宅後や第三者に施工直後であることが分かるように、目のつく場所に表示紙を設置した。

対策

計画・施工上の留意点：次の事項に留意する。

- 水糸で通りを出す場合、設置場所を支柱の下のほうにして、長時間引っ張った状態にしない。また、クサビなどの仮止めを行う。
- 距離が短く水糸を利用しない場合は、土台の高さが水平になっていることを事前に確認のうえ、傾きは水平器を使って、高さは柱の水抜き穴に棒状のものを差し込んで合わせる。
- 季節やその時の気温、天候によってモルタルの水分量を調整する。
- 施工後、モルタルが硬化する前に現場から離れる場合は、施工直後であることがすぐに分かるように表示紙を設置したり、囲える場所であれば立ち入り禁止の明示をする。

境界部 08 対象製品 フェンス

地面の勾配でフェンスの高さが確保できない

説明を受けていたフェンスの高さと違う、と施主から指摘される

段落ちフェンスの事例１（参考）

段落ちフェンスの事例２（参考）
事例１、２は本件の不具合事例とは関係ない

原因と処置

原因：計画および契約段階での現地調査不足と、施主への見積条件の説明不足による。具体的には次のような工事進行状況であった。

●現場は広大な敷地（約700m²）の建替え新築工事であったが、建築時の敷地GL（グランドレベル）の設定も明確でない状態で打合せを行い、正確な測量もしないまま、隣地側目隠しとして、目隠しフェンスの高さH800＋H800、計H1,600mmの２段柱で契約を結んだ。

●更地の状態の時に、敷地数箇所のレベル計測を行っておけば、3〜8cm位は高さが異なるのは予見できたし、まして敷地が約700m²もあれば、より慎重な説明や見積条件が望まれたが、実行しなかった。

●その結果、敷地に一定の勾配が残ったままとなり、目隠しフェンス（H=1,600）設置部全長25mのうち、庭側約10mの部分で契約時に説明したフェンスの高さが確保できなくなった。

処置：工事着工前の最終現地調査で高さに違いが出ることが判明したので、施主に状況を説明し、次のような２つの解決策を説明した。

●目隠しフェンスの高さ（H=1,600）が確保できない部分は、高木植栽にて補完する。

●高さの確保のために、目隠しフェンスをH800＋H1,200、計H2,000の２段フェンスにする。

施主は検討の結果、フェンスの高さ変更による施工を求めた。追加として発生した費用などについては、説明不足や確認不足もあったので施工者負担とした。

対策

計画・施工上の留意点：設計GLについては、基本的には建築表示の敷地設計GLをベースにするが、不明なときには仮設計GLの設定を必ず行い、図面上に明示する。

さらに、最終現地調査（着手前、建築完成時）を必ず実施し、図面との確認を行う。

境界部 09 対象製品 フェンス

境界部のフェンス柱取付け位置で施主と相違

多段柱フェンスの柱位置が境界より離れすぎている、と柱基礎工事時に指摘される

多段柱フェンス

■基礎寸法

独立基礎　連続基礎　偏芯基礎部品使用時

D D C E C 52 ▽G.L 85 160 C 80 149 40 D

呼称	基礎寸法（mm）		
	C	D	E
H14	550	300※	300
H16		350	

※偏芯基礎対応する場合…350mm

多段柱フェンス独立基礎および偏心基礎

原因と処置

原因：営業段階および契約時での基礎形状や柱位置の説明不足による。特に、詳細寸法を施主に伝えずに、契約、施工という手順を踏んだことが最大の原因といえる。具体的には次のような工事進行状況であった。

- 木樹脂フェンス 2 段柱高さ H1,600mm（控え柱なし、独立基礎）のメーカー基準基礎形状は 350 × 350mm、高さ 550mm 程度が標準とはいえ、柱の寸法が 60 × 60mm 程度であれば、芯々で割り付ける場合は基礎外側（境界部）から柱外面まで 145mm は離れる。
- 独立基礎部はコンクリート打設済み。
- 基礎形状を偏芯基礎に変更しても、コンクリートのかぶり厚（柱の腐蝕を防ぐために必要）を確保するため、土に接している部分では基礎外側（境界部）から 60 ～ 70mm が必要になる。

処置：改めて、本工事の基礎概要を施主に丁寧に説明した後、フェンスの柱を芯々で割り付けている現状のままで工事を続けるか、偏芯基礎に変更して少しでも柱位置を境界部に近づけるかを協議する。協議の結果、コンクリート独立基礎をすべて解体撤去し、新しく偏芯基礎寸法にて工事を再開した。

対策

再発防止策等：エクステリア工事は官民（道路など公共物と住宅敷地など）・民民（隣り合う住宅敷地など）の境界線付近に工作物を設置することになるので、境界杭の確定はもとより、工作物の設置位置などは最重要項目の一つといえる。従って、営業段階から基礎形状を十分踏まえたうえでの打合せを徹底する。

さらに、境界線周辺を含めたエクステリア工事関連工作物の標準基礎断面図などを作成し、社内での共有化を図る。

境界部 10 対象製品 フェンス

木製品の柱に反りが生じた

自然木材フェンスの設置後、木製 75 角の柱に収縮と膨張が作用した

乾燥・収縮した場合
木表側が凹むような形で反る

接線方向（年輪と接する）

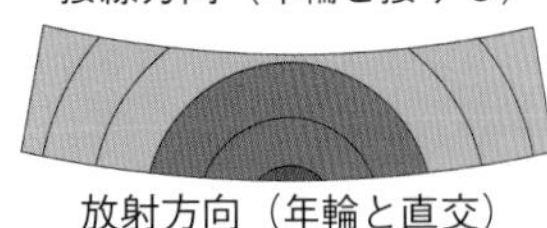

放射方向（年輪と直交）

湿気を吸収・膨張した場合
木表側が膨らむような形で反る

放射方向（年輪と直交）

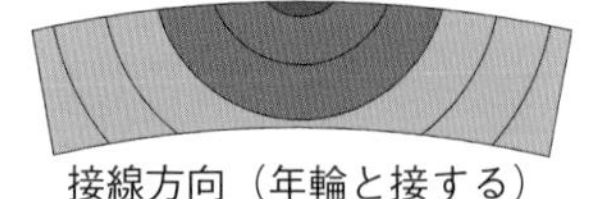

接線方向（年輪と接する）

【板の側面】
1. 垂直方向（繊維方向）

【丸太の木口】
2. 接線方向（年輪と接する）
3. 放射方向（年輪と直交）

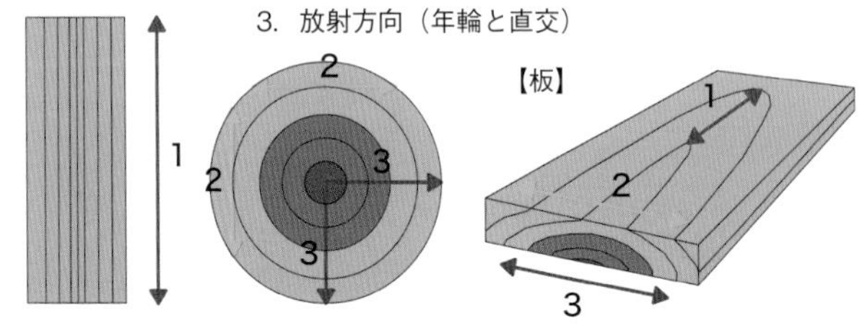

3つの方向の収縮率の比率は、平均的に「垂直方向：接線方向：放射方向＝1：10：5」となっている。そのため、左の板で収縮が起きた場合、垂直方向（長さ）ではほとんど収縮が起きないが、接線方向（木表側の幅）では垂直方向（長さ）の10倍の収縮が起き、放射方向（木裏側の幅）では、接線方向の半分程度の収縮が起きることになる
（吉田製材ホームページなどより作成）

原因と処置

原因：自然木の特性である湿気による収縮についての認識ができていなかったことが、原因として挙げられる。自然素材の木材は「調湿作用」を持つ。これは、乾燥しているときは水分を吐き出して縮み、湿度が高いきとは水分を吸収して膨らむ、収縮と膨張の作用をともなう。その収縮と膨張を繰り返し続けることが自然木の特性である。

また、同じ板や柱でも、木目の方向や場所によって収縮率・膨張率が異なるため、反りが起こる原因となる。例えば､柱の中心部に対して､外側のほうが収縮･膨張率が2倍程度高くなる。

設計・見積時に、使用箇所に対する材料の選定が適切でなかったことが原因であり、また使用に際して、事前に施主に特性の説明ができていなかったことも一因と考えられる。

処置：自然木を使用する限り同様の事象は発生すると考えられるので、施主に特性を説明して理解してもらい、現状のままで使用する。

やり替えが必要な場合は、自然木をアルミ材などに変更することを検討して、提案する。

対策

計画・施工上の留意点：材料の特性をよく理解して使用する。また、事前に特性を施主に説明することが必要である。

再発防止策：自然木の利用自体に注意すること。反りや歪みを回避するためには、アルミ柱やスチール柱を選定する。

境界部　対象製品　フェンス

木製品のフェンスに色むらが生じた

施主からの指摘により、色むらによる一部張替え工事が発生した

木製フェンスの色むら

木製フェンスでは色むらのほか、「反り」についても施主に事前に説明しておく

原因と処置

原因：天然木材の材料特性に関する施主への事前説明が、不十分であった。

処置：天然木材は同じ樹種でも個体差がある。特に木目が表れているような無垢材や、透明および淡色塗装の製品は、素地の性質がよく見て取れる。この事例では、色むらが発生した部分を張り替えるとともに、天然木材の材料特性について施主に説明した。

対策

計画・施工上の留意点：提案、設計時に、自然の風合いを楽しむことが前提となる製品であることを施主に説明し、納得を得たうえで施工する。また、天然木材であれば、色むらのほかに節目や反りの発生、定期的なメンテナンスが必要なことも事前に説明することが必要となる。

再発防止策等：天然木材のメンテナンス方法については次のようになる。

- ソフトウッド（レッドシダー、杉、松など）の場合、無塗装ではすぐに腐食するため、木材保護塗料で塗装することを推奨する。また定期的（1～2年ごと）に塗装メンテナンスが必要となる。
- ハードウッド（イペ、ウリン、アマゾンジャラ、イタウバなど）の場合、基本的に無塗装でも腐食しづらく長持ちするが、紫外線による色褪せ、および、ササクレや毛羽立ちが発生する。ササクレや毛羽立ちに対してはサンドペーパーなどできれいにする。品質に問題はないが、色褪せが気になる場合は、そのつど塗装メンテナンスが必要なことを施主に説明する。
- 塗料には様々な種類があるが、一般的なペンキの使用には注意が必要となる。ペンキのような塗膜をつくるタイプの塗料の場合、木材の調湿機能による収縮・膨張率との違いから、塗膜が剥離してしまう場合があり、その箇所から水が浸入して木材の腐食の原因になるおそれがある。また、再塗装の際には古い塗膜をすべて落とす必要がある。

境界部 12 対象製品 フェンス

境界ブロック塀基礎コンクリートが越境した

型枠なしで基礎コンクリートを打設してしまい、境界線をはみ出した

境界ラインのイメージ（赤い面が境界ライン）

化粧コンクリートブロックの凹凸にも注意する

型枠なしで基礎コンクリートを打設し、隣地に越境した例

原因と処置

原因：型枠を当てずに土留めで基礎コンクリートを打設したため、コンクリートが隣地側にはみ出した。

処置：基礎コンクリートの越境部分のみ削ることを検討したが、越境範囲が広いことと、削るときの振動によってブロックとのつなぎ目にヒビなどが入る恐れがあるため、ブロックと基礎コンクリートをいったん撤去してやり直す。

再施工では、ブロックの凹凸や施工上の誤差によって境界線を越えてしまうことを避けるため、施主の了承を得て、境界線から2cm 控えた場所に基礎コンクリートの型枠を設置し、L型基礎のコンクリートを打設し直した後、ブロックを積み直した。

対策

計画・施工上の留意点：次の事項に留意する。

- 境界部分の施工では掘削時から隣地に立ち入るため、隣地使用の承諾を得る（民法第 209 条）。
- 基礎コンクリート打設時には、木枠などの型枠を用いる。
- ブロックの寸法誤差や、施工上の誤差もあるため、施主の了承を得て、境界線より 1 ～ 2cm は控えて計画する。

メンテナンスの方法・再発防止策等：現場で不当な工事が行われなかったことを確認するうえでも、社内検査の充実を図るととに、地中構造物は後から第三者が確認できるように、写真管理を行う。

民法第 207 条　土地の所有権は法令の制限内において、その土地の上下に及ぶ。
民法第 209 条　土地の所有者は、境界又はその付近において障壁又は建物を築造し又は修繕するため必要な範囲内で、隣地の使用を請求することができる。ただし、隣人の承諾がなければ、その住家に立ち入ることはできない。

境界部 13 対象製品 フェンス

フェンス柱埋込み時にモルタルが飛散した

隣地住民から、塀にモルタルが付いていると指摘される

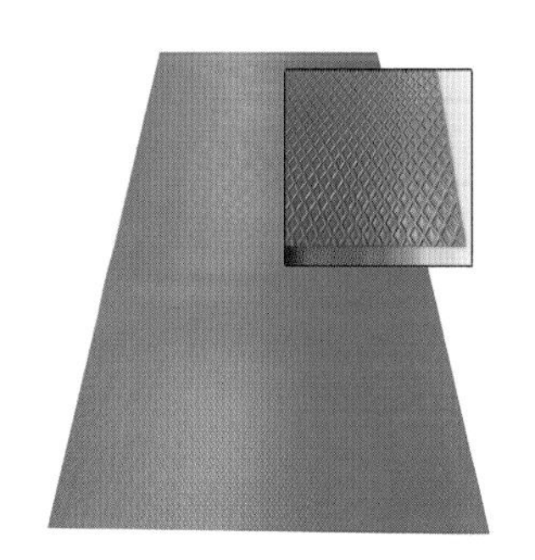

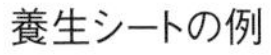

養生シートの例

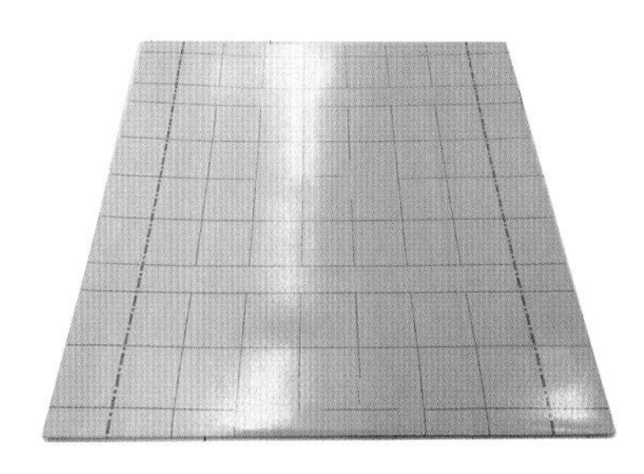

養生ボードの例

自動車養生カバーの例

原因と処置

<u>原因</u>：ブロック上のフェンスの施工時、隣地住民から宅地内の塀にモルタルが飛散していると指摘された。施工時の注意および養生不足が原因であった。具体的には、隣地境界部の施工であるにもかかわらず、隣地住民への説明が不十分であったこと、モルタルが飛散する可能性のある隣地の塀を養生していなかったことが挙げられる。

<u>処置</u>：指摘を受けた後、現場責任者が直ぐに隣地住民に謝罪し、作業員に濡れた布で拭き取るように指示を出す。幸いなことに、モルタルが硬化する前であったのと、吹付け塀だったため、モルタル飛散前の状態に復旧できた。

対策

<u>計画・施工上の留意点</u>：境界部分でコンクリート・モルタル工事がともなう場合、作業前に隣地住人の承諾を得て、作業箇所まわりをブルーシートやテープ付き養生シートなどで保護する。さらに、作業場所より1m以内に自動車やバイクなどが止まっている場合は、所有者に承諾を得てからビニール製や不織布製の自動車養生カバーなどで保護する。

施工場所によっては、隣地側の養生が難しいこともある。そのような場合の養生対策としては、作業員１人が作業する隣地側に養生ボードなどを持ち、モルタルを流し込むすぐ横から離れないように移動して、モルタル打設時の飛散防止を行う。

<u>再発防止策等</u>：他の工程などがあり、急いでいるときこそ養生を忘れがちになるため、職長はそういうときにこそ、気を付けて作業指示を出すようにする。

ポール状車止め（上下式）が下がらない

車止め筒（シェル）の内部に何かが溜まっていて、ポールが途中で止まってしまう

上下式のポール状車止めの正常収納状況（右写真は赤く囲った部分）

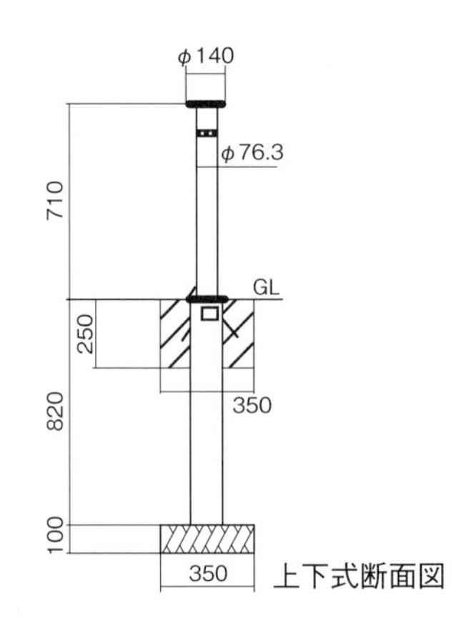

上下式断面図

原因と処置

原因：ポール状の車止めが途中までしか下がらない、と施主から連絡を受けた。施工者とともに確認したところ、図面で指示した透水層の確保も曖昧であり、ポールを固定する際に、モルタルなどが筒（シェル）内部へ落下した可能性も否定できなかった。そこで、不具合の発生時期を施主に確認すると、完工後にポールを収納するようなケースがあまりなく、いつ頃から発生したかは不明であり、完工時から途中までした下がらなかった可能性もあった。

処置：シェル内部の水や土砂などを業務用掃除機で吸い上げていくと、モルタルの固まり（塊）なども出てきたので、いったんシェル内部を完全に清掃した。

清掃後、ポール本体が完全に下がることを確認してから、シェル内部に注水を行い、水が抜けていく状況を確認した。水は一気には抜けずに、半日位かけて少しずつ抜けていくような状況であった。そこで、透水層で水が抜けやすいように表面の小叩きを行った結果、排水状況も大幅に解消した。

対策

施工上の留意点及び再発防止策：再発防止のため、次の事項を徹底する。

- ポールを床付けした状態での土質確認から透水層確保写真の撮影など、工事管理の基本の徹底を図る。
- 不具合発生時期が特定できないということは、完工時の検査ができていなかったということであり、改めて施工における職人および工事管理者の意識改革を徹底する。
- 特に地下埋設部分などの作業内容については、事後に確認を取るのが困難であり、写真でしか点検できないので、工事管理者が確認できるように、作業者による写真撮影と提出を徹底する。

ポール状車止め(上下式)収納時に水が出る

施工時のゴミや土砂が筒(シェル)内に残り、徐々に排水性が悪化した

原因と処置

水が溢れた状況１

水が溢れた状況２

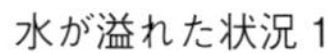

原因１：ポール本体の収納時に水が溢れ出てくることがある、と施主から連絡を受けた。現地で確認すると、収納筒（シェル）内に、施工時などのゴミや土砂が残ったままの状態であったため、徐々に排水性が悪くなり、上部化粧カバーからの雨水や土間清掃時の水の浸入とが相まったことにより、シェル内部に水が溜まる状況になった。

処置１：上部化粧カバーを外し、ポール本体をいったん抜いてから、シェルの中に溜まった土砂や水を業務用掃除機などで吸い込み、清掃した。

原因２：宅地状況（道路との高低差がある切土部分など）により、渇水期には問題ないが、多雨期などで地下水位や水脈位置が高くなることにより、シェル内部の水位も上昇して、ポール本体収納時に水が溢れることが考えられた。

処置２：次のような調査を行った。

- 渇水期（11/1 ～ 5/31）および多雨期（出水期 6/1 ～ 10/31：集中豪雨や台風の時期）におけるシェル内の水位の高さを確認した。
- 調査の結果、渇水期のシェル内には水の浸入がほぼ見られず、多雨期のなかでも梅雨などの長雨が続いたときには、底から約 30cm 位の水位が確認された。
- 施主も調査に立会い、確認してもらうことで、季節による水位の変化についての理解を得るとともに、一時的な浸水状態でも製品の構造には問題ないというメーカーの見解を伝えた。

対策

計画・施工上の留意点：埋設掘削時には、土壌が砂質土系か粘質土系かの確認は必ず行う。シェル最下部の透水層（砕石、栗石）は少なくとも 300 × 300 × 100mm 以上は確保し、透水層の土壌が粘質土系の場合は 300 × 300 × 300mm 位が望まれる。

再発防止策等：地下水位や湧水の発生する可能性の高い現場については、過去における同様の施工場所のデータがあれば掘削工事着手時に一定の判断はできるので、データの収集と整理をして、各社員間で共有する。

伸縮門扉の本体が傾いた

調整部品の緩み、あるいは、土間勾配で扉本体中央部分が道路側に傾いた

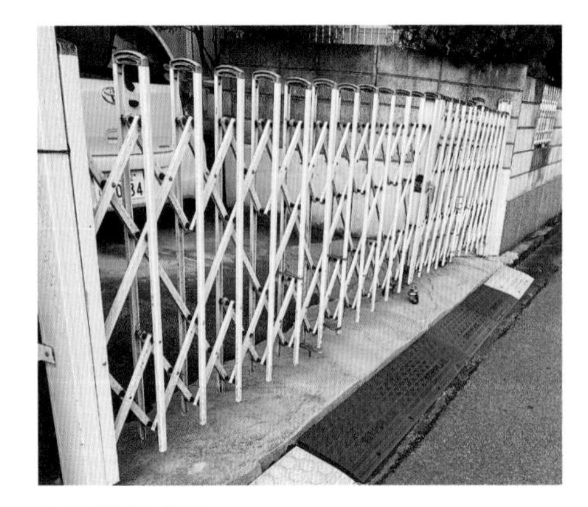

伸縮門扉の傾き

土間勾配による伸縮門扉傾き

原因と処置

原因 1：伸縮門扉キャスターの調整部品が緩み、傾いた。

処置 1：伸縮門扉キャスターは、水勾配程度の傾斜に対しては門扉が垂直になるようにつくられている。ただし、施工要領書等に基づいて施工していても、経年変化によって調整部品が緩み、伸縮門扉本体が傾くことがあるので、調整部品で調整して、正常な位置に戻す。

キャスターの調整範囲は下方向に 20mm あるので、約 10% までの勾配に対応できる仕様となっている。

原因 2：伸縮門扉キャスターの調整寸法を超える土間勾配で、土間を仕上げてしまった。

処置 2：伸縮門扉キャスターの調整寸法内で納まるように土間勾配を調整するほかに、解決方法はない。土間コンクリートの場合は勾配の上側を削り、伸縮門扉キャスターの調整寸法内にする。仕上げがタイル、石張り、洗い出しの場合、伸縮門扉の稼働範囲内の土間を斫（はつ）り、高さを調整しながら再施工する。

対策

計画・施工上の留意点：伸縮門扉キャスターの稼働部分の土間は、できるだけ水平になるようにして、水勾配以上の勾配をつけずに施工する。

メンテナンスの方法・再発防止策等：伸縮門扉の稼働部分に小石やゴミなどの障害物があると、調整部品の緩みが発生する可能性が高くなるので、ほうきなどで稼働部の土間の障害物を取り除く。

その他：開口部に勾配がある場合には、傾斜地タイプの製品を選定する。

伸縮門扉のキャスター部が越境した

先に柱だけを設置した後、本体取付け時にキャスター部分の越境が発覚した

クレーム事例（処置前）

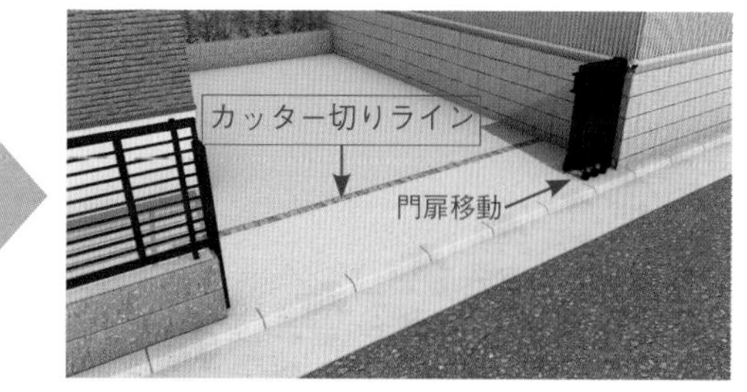

クレーム事例（処置後）

原因と処置

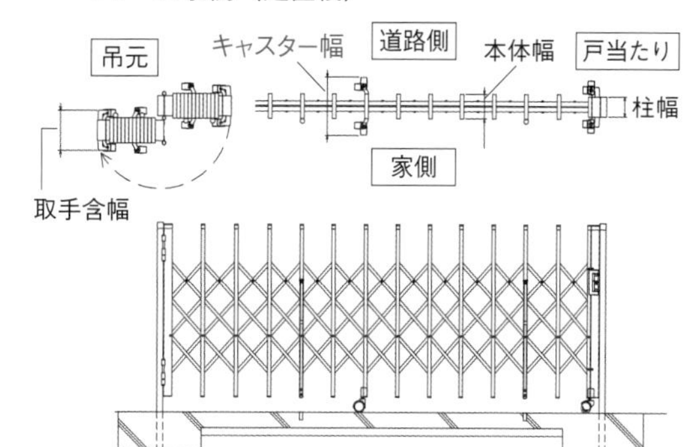

伸縮門扉（キャスター幅の確認が重要）
（三協アルミ 施工要領書より）

__原因__：キャスターの出幅を考慮せずに柱を設置してしまったため、道路に越境してしまった。

__処置__：車庫全体にコンクリートを打設した後であったため、デザイン的な処理を行う。まず、道路側から1m入ったラインでコンクリートをカットし、手直し部分のコンクリート全体を削ってから、伸縮門扉の柱をいったん撤去した。次に、キャスターの幅を考慮してセットバックした位置に柱を再度施工。最後に、カットラインにはピンコロ石の目地を入れて、コンクリートを打設した。

なお、歩道上などの上空に、道路境界からの出幅が0.3m以下で、路面からの高さが2.5m以上の看板であれば、道路専用許可を取れる場合があるが、今回のような地面部分では、工事の仮囲いなどのほかは許可が出ないので、是正する必要がある。

対策

__計画・施工上の留意点__：伸縮門扉の場合、次のような注意が必要。

- 設計時には提案した製品がレール式、キャスター式、キャスターなしかを設計図に記載して施工者側に分かるようにする。また、キャスターが付いている場合は、カタログなどで製品最大キャスター幅を調べ、本体幅から差し引いた1/2寸法の位置で、柱の設置場所を計画する。計画にあたり、ペットガードタイプの場合は車輪が大きいので、その分幅員も広くなるから注意する。
- 施工時には思い込みでのミスを防ぐため、設計図でキャスターの有無を確認し、キャスター付きの場合は、施工説明書で最大キャスター幅の寸法を確認してから施工する。

伸縮門扉がきちんと閉まらない

乱形石張りの凹凸による作動性の悪さでキャスターが破損した

乱形石張り土間と伸縮門扉

タイル張りの土間も表面が凹凸なので注意が必要

原因と処置

原因：キャスター可動部の土間を乱形石張りにした材料選定ミスが原因。伸縮門扉のキャスター可動部は、計画段階でできる限り凹凸の少ない平滑な土間材を選定することが大切である。計画上、表面に凹凸のある土間材を用いる場合は、レール式伸縮門扉、または、跳ね上げ式門扉、シャッターゲートなどの扉を選定すれば、不具合の発生を抑えることができる。

処置：凹凸のある舗装部の上で無理に作動させることにより破損したキャスターは、交換可能なので適合部品と交換する。土間に関しては、次の処置を検討する。

- キャスターの可動範囲の凹凸を少なくするために、グラインダーで乱形石張り表面を平滑になるように削ることで、キャスターを少しでも動きやすくする。
- 可動範囲の土間材料を変更して、再施工する。デザイン性の問題が生じる可能性はあるが、土間コンクリート仕上げや、それに類する仕上げ材料が、キャスターが動きやすい土間材料である。

その他：土間表面が平滑な土間コンクリートであっても、経年変化によるひび割れや陥没などにより、伸縮扉の開閉がしにくくなる。その場合は、伸縮扉の可動する範囲の土間コンクリートを除去し、新たに土間コンクリートを再施工する。

対策

計画・施工上の留意点：伸縮門扉は比較的大きな開口部を取りやすい製品で、使い勝手が優れているが、扉の表面積に対して、キャスターはあまり大きくはないので、小石などの小さな障害物でも作動性が妨げらる。したがって、施主には小石などの障害物の清掃を心掛けるように説明しておく。

伸縮門扉が強風などで勝手に開く

製品採用決定時の不具合発生リスクへの対応不足、施主への説明不足

原因と処置

伸縮門扉の強風によるたわみ

落とし棒を落とした状態

原因１：製品の採用決定時に、不具合が発生するリスクについて対応不足だった。

伸縮門扉は、強風によって勝手に扉が開いたり、扉がよじれるといった事象が発生する可能性がある。こうした事象は、扉の寸法が大きい場合に発生する可能性が大きくなる。

また、製品のグレードにより、強風に対する抗力も変わって来るので、同じ幅、高さでも製品の金額が大きく異なる。特に大きな幅の製品を選ぶ場合は、できるだけグレードの高い製品を選定するようにする。

原因２：施主に対して、製品特性の説明が不足していた。

伸縮門扉を設計に採用したときは、施主に対して伸縮門扉のメリット、デメリットを十分に説明しておくことが大切である。メリットとしては、大きな開口部を取ることができる、開口部を通過するときの高さの制限がない、ある程度の傾斜地でも設定できる、そして、一番大きいのが、製品が安価であるということがある。

逆に、デメリットとしては、扉の開閉が面倒である、外部からの負荷（車がぶつかる、ボールが当たるなど）に対して弱い、扉の稼働範囲に異物があると開閉に支障が出る、風に対して弱いということが挙げられる。

処置１、２：施主に製品の特性を含めた事情を説明して、理解を得る。

原因３：落とし棒が十分に機能していない。

処置３：外部からの負荷に対して伸縮門扉を守るため、落とし棒を確実に落とすように、施主に説明する。

対策

計画・施工上の留意点：大きな開口部に対応する製品としては一般的だが、パンタの多い上位グレードの製品を選ぶようにする。

メンテナンスの方法・再発防止策等：台風などで強風が予想される場合は、扉を畳み、落とし棒を落とした門扉をロープなどで結束するようにする。落とし棒が十分に機能できるように、土などが浸入して落とし棒の受け穴が埋まらないよう、清掃を心掛けることを施主に説明する。

伸縮門扉の落とし棒穴の位置がずれていて固定できない

施工精度の不良により、開閉時のキャスターの位置がずれている

伸縮扉落とし棒

落とし棒の受け穴（落としパイプ）

原因と処置

原因：施工不良による落とし棒の作動不良。

処置：落とし棒の受け穴は、落としパイプを土間に埋込み施工することになる。その際には、正確な伸縮門扉の収納位置（回転収納する場合と回転収納しない場合で変わってくる）に落としパイプを設置するようにする。扉の途中に設置する落とし棒は、扉を一直線にしてパンタを適正な位置に調整して設置しないと、扉が一直線に収まらないことになる。

伸縮門扉を設置する土間は、水勾配が取られることが多く、扉が傾かないようにキャスターの高さを調整することが必要になる。調整が不十分だと、落とし棒を上手く作動させることができないことになるので、門扉が垂直になるように調整する。

対策

計画・施工上の留意点：収納したときの落とし棒の位置は、製品の開口寸法により変わるので、選択した製品に合わせて施工する。落とし棒の受け穴は垂直に設置する。

メンテナンスの方法・再発防止策等：落とし棒の受け穴に土や砂が入り、落とし棒を固定できなくなることがよく発生するので、施主には土や砂の清掃を心掛けるように説明しておく。

跳ね上げ門扉の現場切り詰め加工で作動不良になった

既製品の寸法では納まらなかったので切り詰めたが、重量バランスがくるった

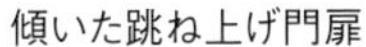
傾いた跳ね上げ門扉

跳ね上げ門扉の参考例

原因と処置

原因：現場施工中に既製品の寸法では納まらないことがわかった。現場での切り詰め加工が可能であったため切り詰めたが、重量バランスがくるい、動作不良が発生した。

処置：現場で扉本体の重量バランスを回復することは大変難しい。基本的にはメーカーによる特注切り詰め加工を行った扉本体を再購入して、再度取り付けるのが最善の方法である。あるいは、メーカーの対応にもよるが、扉本体を取り外してメーカーに送り、扉の重量バランスを調整してもらった後、再度取付けを行う方法も考えられる。

跳ね上げ式門扉や通常の開き門扉を現場で加工すると、製品の強度に影響が出るので、現場での切り詰め加工は行わない。

対策

計画・施工上の留意点：計画時の寸法と現場での実際の寸法が異なることがあるので、製品注文時には、現場で寸法を確認する。既製品の寸法で納まらない場合は、メーカーに特注で扉本体の切り詰め加工を依頼すること。デザインによっては特注切り詰め加工に対応できない製品もあるので、計画時に寸法がタイトな場合は、特注切り詰め加工が可能なデザインの製品を選定しておくことが、施主にも、施工業者にも利益になるだろう。

メンテナンスの方法・再発防止策等：現場で切り詰め加工を行って取付け施工をした場合、表面上は問題なく作動していても、長年使用する間に、通常施工の製品に比較して経年劣化が早まる可能性がある。また、メーカーの品質保証も受けられなくなる。メーカーの品質保証が受けられないということについて、施主の理解を得ることは難しいので、製品発注前に必ず現場での寸法確認を行う。

跳ね上げ門扉がきちんと閉まらない 1

扉が水平に閉じない、扉の接地時に異音が発生する

ドアストッパーが短い跳ね上げ式門扉の脚

正常な状態の跳ね上げ式門扉

原因と処置

原因 1：経年変化による設置ストッパーの調整ネジの緩みと、扉取付けアームの調整金具の調整不良。

処置 1：次のように調整する。

- 扉が水平になるように左右のドアストッパーの位置を調整したうえで､固定ネジを締め直す。
- 扉取付けアームの調整金具を、扉が垂直になるように調整する。調整時には左右のバランスを取る必要がある。

原因 2：ドアストッパーの長さが短い。

処置 2：次のように調整する。

- ドアストッパーを長いタイプのものと交換することにより解決できる場合もある。
- 扉取付けアームの柱取付け部にある金具で、扉が垂直になるように調整を行う。その後、扉の下端にあるドアストッパーで約 20mm の範囲で調整することが可能である。

原因 3：扉取付け柱が何らかの理由で傾き、扉が正常に作動せずに異音が発生する。

処置 3：次のように調整する。

- 原因 1 の処置を行っても正常に作動しない場合は、取付け柱の傾きを修正する必要がある。取付け柱の再施工という処置になる。
- 施工要領書等に基づかない柱間寸法で施工してある場合も、取付け柱の再施工になる。

対策

計画・施工上の留意点：経年変化により、設置ストッパーの調整ネジなどは緩むことが想定されるので、緩みが発生した場合に調整できる寸法を確保しておくことが必要である。

メンテナンスの方法・再発防止策等：門扉にくるいが生じたら、扉に傷が付く前に、早期に調整する。定期巡回サービスを行っている場合は、必ず検査項目に入れておく。

跳ね上げ門扉がきちんと閉まらない 2

扉を上げても勝手に下りてしまう

パワーユニット破損による扉の傾き

跳ね上げ門扉の傾き

原因と処置

原因 1：経年劣化によるガスショックの異常。

処置 1：パワーユニットを取り外して、ガスショックの確認を行う。ガスショックに圧力がかからない状態であれば、経年劣化による部材の寿命と思われる。新品のガスショックに交換する必要がある。

原因 2：外的要因（車の衝突や重い荷物をぶつけたなど）によるスプリングまたはスプリング取付け金具の損傷。

処置 2：スプリングまたはスプリング取付け金具に、外的要因による損傷がある場合は、パワーユニットの交換が必要となる。スプリング取付け金具が外的要因により変形している場合は、変形を修正するか、修正が無理な場合には、パワーユニットの交換を行う必要がある。

対策

計画・施工上の留意点：跳ね上げ式門扉は、閉じた状態にしておくのが正常な状態となる。したがって、扉を開いて車の出し入れが終わったら、扉を閉めるように施主に説明する。開いている状態は風圧に弱く、積雪があったときの重さに対しても弱い。

また、扉に寄りかかったり、扉上部に重量がかかるように乗り越えたりする行為も極力控えるように施主に説明する。

電動式跳ね上げ車庫扉の扉が傾いた

車庫扉を開け閉めする際に、扉本体が傾いた状態で作動する

跳ね上げ車庫扉の傾き

跳ね上げ車庫扉は上げたままにしない

原因と処置

原因：電動式跳ね上げ車庫扉において、下げた状態ではきれいに水平な状態であるが、扉を開け閉めする際、扉が傾いた状態で作動する、故障しているのではないか、と施主より質問を受けた。現地調査をすると、柱とアームの左右の取付け部の緩みが原因でたわみが生じたため、片方のアームに余分な力が加わり、不具合が起きていると思われた。

処置：柱とアームの左右の取付け部の調整軸を回転させて、門扉本体の傾きを調整した。調整を行った後は、調整軸の固定を忘れずに行う。

調整軸の調整で解決しない場合は、経年変化によってパワーユニットのガスユニットに圧力がかからない状態になっている可能性があるので、ガスユニットの交換を行ってみる。また、製品によってはスプリングの損傷も考えられるので、確認する。

その他：多くの電動式跳ね上げ車庫扉は、柱の片側にモーターがあり、構造上少し傾いた状態で昇降するので、施主との打合せ、契約、引渡し時に、製品の特徴を十分に説明しておく必要がある（メーカーにより柱の両側にモーターが搭載されている製品もある）。

対策

計画・施工上の留意点：跳ね上げ車庫扉は、ワイドになればなるほど、たわみが発生する可能性が高い。特に、ハイルーフタイプの製品にはその傾向が顕著に表れる。

再発防止策等：使用頻度や使用している環境などにより大きく異なるが、耐用年数は電動式で10年前後、手動式で15年前後といわれている。基本的に、跳ね上げ車庫扉は閉じた状態で使用するのが原則である。上げた状態で放置していると故障の原因となることを施主に説明しておく。

車庫まわり 12 対象製品 跳ね上げ車庫扉

電動式跳ね上げ車庫扉が動かない

引渡し当初は問題なく作動していたが、突然作動しなくなった

電動式跳ね上げ車庫扉の動作不良

跳ね上げ式車庫扉パワーユニット

原因と処置

原因１：取付け柱への取付けに問題があり、余分な負荷がかかりすぎて作動しなくなった。

取付け柱は地面に対して垂直に、扉本体に対しては直角でなければならない。さらに、左右の柱は必ず平行に、同じ寸法で建てる。同じ高さに施工していない場合は、引渡し後、しばらくの間は正常に作動していても、時間の経過とともに通常の経年劣化よりも大きな劣化が生じる。

処置１：取付け柱を、地面に対して垂直に、扉本体に対しては直角に、左右の柱は平行に、同じ寸法となるように再施工した。

原因２：扉本体と取付け柱との間で土間の勾配が大きかったので、取付け柱の水抜き穴を土間で塞いで施工してしまった。電動式跳ね上げ車庫扉の場合、取付け柱に電気部品が内蔵されているため、雨水の浸入や取付け柱内部の結露により電気部品に不具合が生じて作動しなくなる可能性がある。柱内部に水が溜まったことにより、電気部品が作動しなくなった。

処置２：新たに取付け柱を取り寄せ、土間を含めて施工要領書等にしたがい再施工した。

対策

計画・施工上の留意点：跳ね上げ式車庫扉を計画をする場合、土間勾配に注意して取付け柱の水抜き穴を塞ぐことがないように施工する。施工要領書等のとおりに取付け柱を施工することが何より重要である。

再発防止策等：電動式跳ね上げ式車庫扉は、緊急時以外は手動で昇降させないようにする。また、緊急時以外では、ブレーキ切替えレバーや扉のロックピンを押さない。ブレーキがかかった状態や扉のロックピンを押した状態で、無理やり扉を昇降させると、扉を損傷させることになる。

シャッター開閉時に音鳴りがする

メンテナンスをしなかったことで駆動部分から異音が発生した

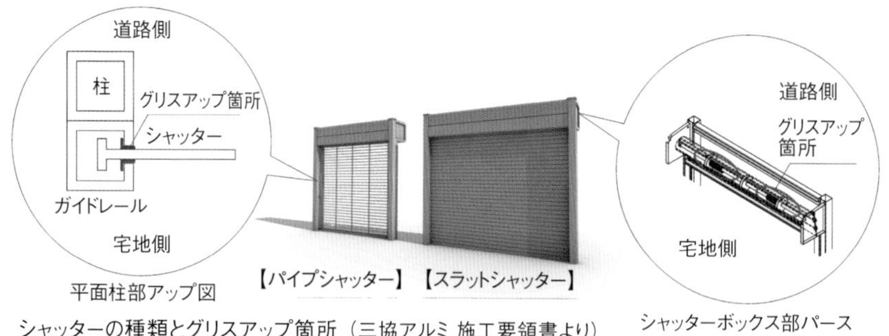

シャッターの種類とグリスアップ箇所（三協アルミ 施工要領書より）

シャッターボックス部パース

原因と処置

原因：チリやホコリが溜まったことによって駆動部分が擦れ、音鳴りが発生した。

処置：シャッター設置後３年目を迎えたぐらいから、シャッターの開閉時に音鳴りが発生するようになったと、施主から電話で連絡があった。訪問日時のアポイントを取り、事前にメーカーに状況を説明して、考えられる音鳴りの原因について情報をもらった。

訪問して使用状況を聞くと、設置後から一度も掃除を行っていないということだった。そのため、チリやホコリがシャッターにかなり付着していたので、スラット部とガイドレールを水洗いして、駆動部とシャッタースラットの連結部に潤滑油をさした。

今回の音鳴りは、清掃と潤滑油をさすといったメンテナンスにより改善した。

参考：他の音鳴りの事例として、グリスの劣化もあげられる。シャッターの巻取りシャフトやスプロケットなどには、グリスが塗布されている。シャッターを繰り返し使うことで、グリスが劣化して固形化すると、部品同士が擦れて摩擦係数が高くなり、音鳴りが出始める。なお、グリスの潤滑油との違いは、グリスは原料基油に増稠剤を加えて粘度を高めた油であり、半固形状のため、荷重がかかる場所などに適した潤滑油である。

対策

メンテナンスの方法・再発防止策等：引渡し時、施主には定期的な清掃が必要なことを伝えるとともに、長期清掃しない場合は、シャッターに音鳴りなどの現象が起こることを説明する。

清掃方法は１年に１回程度は水洗いをして、粉塵を取り除く。特にアルミシャッターの場合は、アルミスラットの連結部分や駆動部分などから音鳴りが発生するため、ブラシなどで丁寧に清掃する。清掃後は、駆動部に潤滑油を補充することで音鳴りを軽減できる。

また、定期的にメンテナンスを行っているにもかかわらず音鳴りが出始めた場合は、シャッタースラットのズレや左右バランスの崩れ、ガイドレールの歪み、電動シャッターのモーター故障も考えられるので、症状が出たら早めに施工店などに連絡をするよう、施主に伝えておく。

車庫まわり 14 対象製品 シャッター

パイプシャッター座板がたわむ

ワイドシャッター本体中央部のたわみ10mmを直して欲しい、と施主に要望された

シャッター全体図（写真提供：3点 LIXILトータルサービス住彩館世田谷店）

左側（シャッター下部の目盛りは190mm）

中央部（シャッター下部の目盛りは180mm）

原因と処置

原因：ステンレス製のパイプスラットカーテンシャッター（幅5,600mm）の中央部がたわんでいるが、自重で発生する想定内のたわみによると思われた。

処置：次の内容で現地調査とメーカーの見解を確認した。

①現地調査を行い、正確な状況を把握した。

- シャッター本体の両端に糸を張り、中央部のたわみを計測した結果10mmのたわみを確認した。
- シャッター本体の現状および取付け状態には、特に問題は認められなかった。

②上記現地調査内容をメーカーサイドに連絡し、次のようなメーカーの見解を得た。

- 該当現場のシャッターは重量が約150kgとなる。
- スラットカーテンは巻取りシャフトに固定されており、巻取りシャフトおよびスラットカーテンの自重により、たわみが発生する場合がある。
- 現状のたわみ部分は10mmだったことから、開口部寸法5,600mmに対して1/560のたわみとなる。
- 国土交通省の「建築物の使用上の支障が起こらないことを確かめる必要がある場合及びその確認方法を定める件」（平成12年建設省告示第1459号、最終改正平成19年5月18日国土交通省告示第621号）内に、鉄骨造のたわみの許容値は1/250以下とある。

以上①②より、単純比較にはなるが、鉄骨造の1/250以下のたわみなので、特に問題はないと判断する旨を施主に伝え、了承を得た。

対策

計画・施工上の留意点：本件のように重量約150kg位と製品自体の重量が大きい製品は、自重によって一部にたわみが発生することを、事前に施主に説明しておく。

車庫まわり 15　対象製品　シャッター

電動式シャッターが動かなくなった 1

光電センサーの汚れにより、電動式シャッターが突然、下りなくなった

原因と処置

電動式シャッターゲート参考例

原因：直前まで問題なく作動していた電動式のシャッターが、突然下りなくなった。直前まで動いていたので駆動関係のトラブルは考えにくく、その他の原因を探った。よくある不具合の事象として、ブレーカーが落ちている、リモコンの電池が切れているなど、順次確認していったところ、光電センサーに汚れが付いていたことが原因と判明した。

電動式シャッターは、作動中に障害物などによって光電センサーが遮られると検知し、安全対策として、シャッターを自動的に停止させる。今回は、光電センサーに汚れが付着していたことで、センサーが作動し、シャッターが上がった後、下りなくなっていた。

処置：光電センサーに付いていた蜘蛛の巣などの汚れを除去し、センサーの誤作動を解消した。施主には今回の状況と定期的な清掃を行うように説明した。

対策

再発防止策等：電動式シャッターが動かなくなる要因は複数あるため、次のフローチャートでトラブルの特定と対応を行う。

電動シャッターが動かなくなった

- 電源は入っている
  - リモコン操作ができない
    - リモコンの電池切れの可能性が高い →電池交換
  - 操作盤で動かない
    - 電気系統・モーターに不具合の可能性
  - 手動に切り替わっている
    - 手動（停電）モードから電動モードへ切り替え
- 電源は入っていない
  - ブレーカーが落ちている
    - ブレーカーを復旧してください
  - 断線の可能性
    - 復旧しない場合は断線の可能性があります。
- 数カ月ぶりの開閉
  - グリスが硬化している
    - 手動（停電）モードに切り替え、開閉する
  - シャッターが凍結している
    - 溶けるまで待ち、開閉してください。
- 頻繁に開閉
  - 光電センサーに異物がないか
    - 蜘蛛の巣・枯れ葉など誤作動の原因に →清掃する
  - 作動時に異音はしなかった
    - 擦れる音がする場合、潤滑油を塗ってください。
  - フレームに歪み・異常はないか
    - 使用を控え、修理を行ってください。

復旧しない場合は、専門業者さんへ、修理・点検をご依頼ください。

電動式シャッターが動かなくなった2

スラット座板に付いた濡れ落ち葉に、光電センサーが作動して開閉しない

原因と処置

光電センサーは上下２箇所にある

原因：「車庫の電動式シャッターが動かなくなった」と施主から電話連絡があった。現地へ行くと、施主はいつもリモコンで開閉していたというので、リモコンではなく躯体のスイッチを押してみたが、動かなかった。

ただし、駆動はするため電源のトラブルは考えにくく、今度は、手動切り替えで上げ下げしたところ、スムーズに動いたので破損箇所はないと想定できた。

さらに、細部の確認を進めると、安全装置を作動させるセンサー部分に落ち葉がくっ付いており、その落ち葉が原因でセンサーが反応したため、結果的に動くけれどもすぐに開閉しなくなる状況になってしまっていた。

処置：光電センサーに当たる部分の遮蔽物（落ち葉など）を取り除き、センサー部分を簡単に清掃した。その後、遮蔽物がなくなったため通常に作動し、問題は解決した。

その他：光電センサーに不具合が発生し、安全装置が誤作動を起こす場合もある。例えば、意図せずセンサーに触れてしまい、センサーの感知部分がずれてしまうと、本来感知すべき範囲ではない場所でセンサーが感知し、シャッターが止まってしまうこともある。そのような場合は、センサーを正しい検知位置に戻し、作動を確認する。センサーを触ると誤作動の原因になるので、シャッターのサービスマン以外は扱わないようにしておくほうがよい。

対策

メンテナンスの方法・再発防止策等：直前まで駆動していた場合は、本体には何も不具合が起きていないことが多い。原因を突きとめるためには、リモコンの電池、センサーの汚れ、前夜や前日に物理的な破損がないかの確認を、まず最初に行う。

特に多いのが、リモコンの電池切れである。電池の交換で対応できることが多い。次に、センサーに虫の死骸、蜘蛛の巣などが付いて誤作動を起こすケースも見受けられる。センサーにチリ・ヨゴレなどが溜まってしまい、正常に感知しないこともあるので、１年に１回拭き掃除のみでよいので、定期点検することが再発防止につながる。

新設土間コンクリートに汚れが付いてしまった

シャッター取付け時に、潤滑油を新設土間に落としてしまった

原因と処置

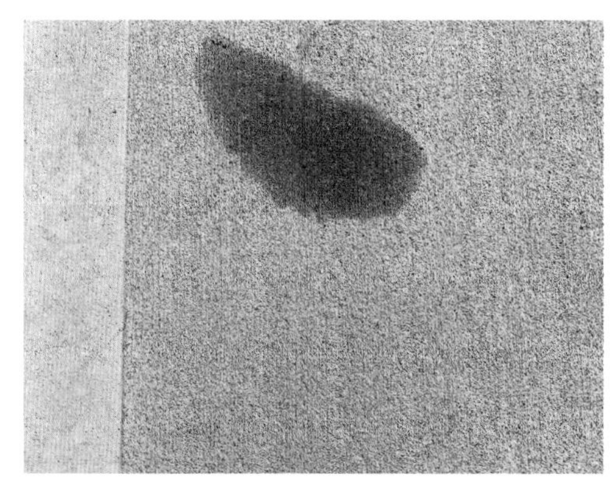
土間コンクリートに付いた油汚れ

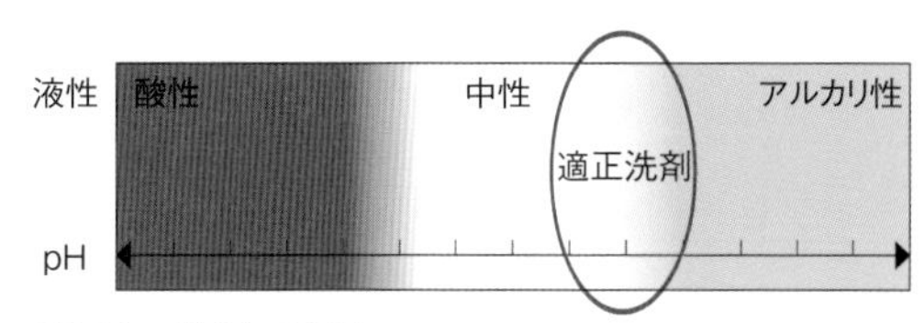

利用する洗剤の種類

<u>原因</u>：今回初めて施工を依頼する職方であったが、作業前に養生についてあまり指示していなかった。そのため、シャッター取付け時に、作業をする範囲（土間）にシートを置くなどの養生処置がなされていなかった。

作業する職方は、引渡し前の物件としての認識が甘く、汚してはいけないという注意が不足していた。

<u>処置</u>：コンクリートを打設してまだ1週間しか経っていないため、コンクリートの硬化も完全ではなかった。そこで、擦ることをできるだけ避けるため、まずはウエスで拭き取った。

コンクリートはアルカリ性であり、酸性系の洗剤では土間を傷めてしまうので、アルカリ性洗剤（中性洗剤でもOK）でコンクリートに染み込んだ油成分を分解させて表面に浮き上がらせ、ウエスで拭き取ることにした。1回では拭き取りきれなかったので、同じ工程を数回繰り返したが、完全に拭き取ることができずに、少し染みになって残った。

施主に事情を説明してお詫びしたが、納得していただけなかったため、コンクリートを斫り、再施工となった。

対策

<u>**メンテナンスの方法・再発防止策等**</u>：協力業者との関係および作業では次の事項に注意する。

- 何年も協力関係にある職方とは養生に対する共通認識があるが、新規の企業、職方では養生に対しての認識が違うため、作業前に教育する時間を設けて、職方一人ひとりの認識の向上を図る。
- 普段から新しい構造物の上で作業を行う場合、作業はもちろんのこと、工具や材料も養生されたシートなどの上に置き、作業箇所を集約して他を汚さないようにする。
- 養生材には液体などが浸透する恐れがある布などを利用せず、ブルーシートなどの透水しないものを使う。

車庫まわり 18 対象製品 カーポート

カーポートのサポート柱が付かない

普段設置していない柱を台風時に取り付けようとしたが、金具の位置がずれていた

サポート柱
（三協アルミ「エクステリアカタログ」より）

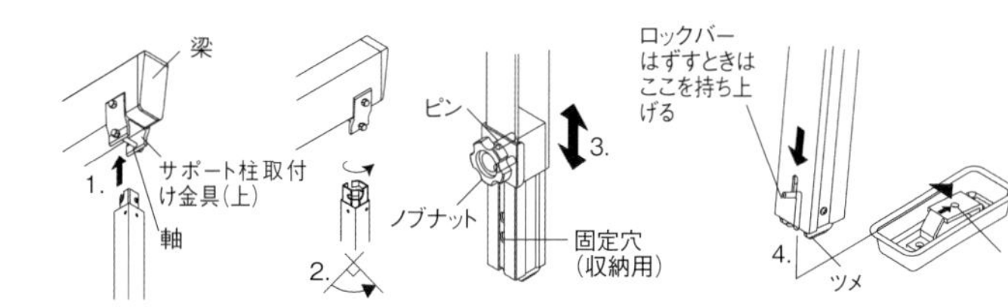

1. サポート柱取付け金具（上）の軸にサポート柱をまっすぐ差し込む
2. サポート柱を90度回転させて取り付ける
3. ノブナットを緩め、ピンを固定穴から抜いて長さを調節
4. サポート柱の長さをスライドして調整した後、下の金具の矢印マークの方向へツメを引っかけるように差し込む。その時、ロックバーが金具の穴に収まってはずれないことを確認

サポート柱金具（三協アルミ 取扱説明書より）

原因と処置

片側支持のポリカーボネート屋根のカーポートを設置した際、サポート柱の使い方を説明しておいた。施主はサポート柱を取り付けずに長期間収納していたが、大型台風が接近するので設置しようとすると、金具の取付け位置がずれていて付かなかった。

原因1：一つ要因として、この台風以前にも強風が吹く時があり、少しずつカーポートの歪みが大きくなったため、金具の取付け位置がずれてしまった。

処置1：いったん歪みが起こっていると思われるボルトを数カ所緩め、できるだけ対角を取り直して、なんとかサポート柱位置まで調整できたので締め直した。

原因2：地面に取り付けていた受け皿側の金具の穴に砂が詰まっていたため、知らない間にフック金具が曲がり、潰れてしまっていた。

処置2：詰まった砂を取り除く。この時の破損は何か上からの力が加わってフック金具が曲がったようであった。そこで、マイナスドライバーを使ってテコの原理を利用して引き上げ、金具が引っかかるまで直した。

対策

計画・施工上の留意点：強風時の屋根材を飛びにくくするには、サポート柱だけではなく、各メーカーごとに仕様は異なるが、パネルの抜け防止材（オプション）を施主に提案する。

メンテナンスの方法・再発防止策等：施工後の引渡し時には、次の内容を施主に説明する。

- 受け皿の穴に砂などが入り込み、長時間放置していると硬化して取りにくくなるため、月1回程度は清掃をするように気を付ける。
- 車庫の土間にはフック用の金具が埋め込まれていることを忘れないようにする。
- 月1回程度は脱着ができることを確認して、すぐに利用できるようにしておく。
- サポート柱取付けには、屋根を持ち上げるぐらいの力が必要になる旨を施主に説明しておく。力不足で柱が設置できない場合は、設置手順を変えて、フック取付け後に長さ調整ができることを説明しておく。

片流れカーポートが少しずつ傾いた

柱の基礎コンクリートのサイズが小さかったため、負荷に耐えられなかった

メーカー推奨参考基礎（土間あり）

メーカー推奨参考基礎図（土間なし）

原因と処置

原因１：カーポートが傾いたのは、土間コンクリートの併用がない状況にもかかわらず、カーポートの柱を巻くコンクリート部分が小さかったことによる。現場は周囲が土のままの状態であり、柱周辺の現況基礎サイズの確認を行うと、約 300 × 300mm、高さ 500mm のコンクリート巻きの状態であった。これは、明らかにメーカー推奨の基礎サイズ（700 × 800mm、高さ 550mm）とは大きく異なっていた。

処置１：傾きを直すために、カーポート柱部分以外の屋根パネル、前枠・後枠・側枠など全体を解体してから、柱および基礎の立ち上がりを垂直に戻した後、メーカー推奨の柱根巻きコンクリートサイズまで増し打ちを行った。最後に、屋根などの取り外した部分を取り付けた。

原因２：カーポートの設置場所は、風が通り抜けやすい場所にもかかわらず、サポート柱の設置などの風対策が行われていなかった。

処置２：カーポート本体の復旧工事に際してサポート柱を設置し、柱本体側に必要以上の負荷がかからないようにした。

対策

計画・施工上の留意点：基礎コンクリートに関しては、メーカー推奨の基礎のサイズを基本とする（メーカーや製品により微妙に寸法が異なるので要注意）。また、カーポートの選択においては片側支持２本柱のみでなく、強風地域や雪害などの予測される場所では４本柱製品もあわせて検討することが望まれる。

再発防止策等：施主に対しても、コンプライアンスおよびクオリティー確保の面から、メーカー推奨の基礎施工の重要性を啓蒙する。

車庫まわり 20 対象製品 カーポート

カーポートの屋根から音鳴りがする

何もしていないのに突然、ピシ、ピシと異音が発生する

アルミ形材（パルス押え）

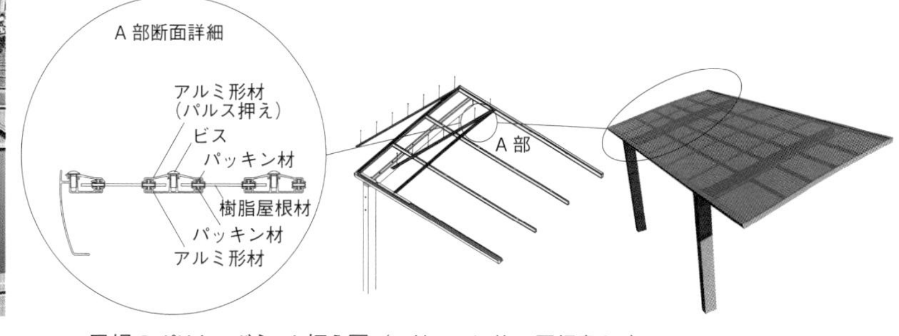

屋根のポリカーボネート押え図（三協アルミ 施工要領書より）

原因と処置

原因：音鳴りがした屋根の素材はポリカーボネート樹脂であり、屋根を支えるアルミ形材とは材料が異なるため、膨張・収縮する温度や変化率が違ってくる（樹脂の膨張率はアルミ材の約３倍）。そのため、気温が変わる季節の変り目では、膨張・収縮により樹脂とアルミ形材の接触面で摩擦が起こり「ピシ、ピシ」といった異音が発生することがある。

ただ、引渡し時に、性能の問題ではなく自然現象として音鳴りが起こるということを説明していなかったため、問題となった。

処置：製品の説明不足について謝罪した後、次の内容を説明し、納得してもらった。

- アルミ材と樹脂との膨張・収縮率の違いによって摩擦から生じる音であること。
- 音鳴りによって破損を気にされていたが、問題がないこと。
- 音鳴り現象は自然現象であって、製品の欠陥や施工ミスなどではないこと。

対策

計画・施工上の留意点：ポリカーボネートの屋根を提案したり、施主から要望があったときには、打合わせの段階から、上記の「処置」の内容に加えて、次のような製品特性を説明し、納得してもらう。

- アルミ材と樹脂との膨張・収縮率が違うため、季節の変わり目など気温の変化が大きいときは、材料の摩擦から生じる音が発生する。製品自体も、本体と屋根材をパッキンで挟む構造にして動くようにできているので、逆にビスなどで固定すると、気温変化時に割れるおそれがある。
- 屋根のサイズが大きくなるほど、熱を吸収しやすくなり、音鳴りが大きくなりやすい。
- 音鳴りが気になるようであれば、膨張率が近い金属屋根（折版屋根など）で、ビス止めの製品を薦める。

車庫まわり 21 対象製品 カーポート

カーポートの垂木結合部から雨漏りした

施工要領書等に指示されたシーリングが行われていなかった

垂木の連結部分から雨漏りすることが多い（参考例）

M 合掌タイプのカーポート

原因と処置

原因：雨天時にカーポートの屋根部から水滴が落ちる、と施主から連絡があった。現地で調査すると、屋根材や骨組みに割れやヒビなどはなかった。カーポート設置から1年以内であったので、シーリング材の劣化ではなく、屋根材の垂木結合部分への指定シーリング漏れ、不足が原因であった。

処置：シーリングは必ず施工要領書等の指示に従って行う。製品によりシーリング箇所が異なり、また、同じ製品でも形状（片流れ・合掌・両支持など）によりシーリング箇所が違う。さらに、製品によって「前枠側だけ」「後ろ枠だけ」「両方」必要など施工場所が混在しているため、施工要領書等を確認する。

経年の劣化によってシーリング材が痩せることを見越して、多めに塗りすぎると、雨水を想定している場所と異なる流れになってしまうケースもあるため、適量が望ましい。

対策

計画・施工上の留意点：熟練の職人ほど説明書等を見ず、手慣れで行う場合があるが、必ず同梱の施工要領書等を確認して、必ず従うことが重要である。

その他：最近では、シーリングレス設計が行われ、シーリングを不要とする箇所もある。シーリング不要な所にシーリングをすることで雨漏れ・雨伝いを誘発してしまう可能性があるので注意が必要である。

カーポートの雨樋排水箇所の土間が汚れた

竪樋のみで排水未処理のために、土間汚れ(特にコンクリート仕上げ)が発生した

モルタル部分が削られ骨材が露出

植栽スペースへの排水パイプ処理案

原因と処置

原因：次の3つの要因が考えられる。

- 意識の問題として、雨水で土間が汚れたり、水の力でコンクリート面が削れることを知らない、見たことがない。
- 物理的な問題として、排水処理の雨水枡や道路側溝がなかったり、あるいは、あっても遠いために配管していない。
- その他の問題として、排水処理工事にコストがかかるし、ユニット単体業者は、排水処理に必要な材料や工具などを通常持っていない。

雨樋排水の排水処理事例

処置：高圧洗浄機による定期的な洗浄を行うとともに、隣接する植栽スペースへの雨水排水処理によってコンクリート土間から水を逃がした。

対策

計画・施工上の留意点：原因の3要因に対して、次の対策をそれぞれ行う。

- 意識の問題として、不具合などの情報は、営業や設計などの各部署間で社内共有を図る。
- 物理的な問題として、植栽スペースを含めた浸透枡的な排水処理部を事前に計画したり、竪樋周辺の土間の一部に200mm角位のタイル、煉瓦などを敷設し、樋からの水の流れを分散させる。
- その他の問題として、排水処理がない場合のコンクリート土間においては、経年変化による汚れが発生することを、必ず施主に説明する。

カーポート雨樋に落ち葉が詰まって雨漏りした

排水が十分に行われず、前枠部分などから雨水がオーバーフローした

原因と処置

原因：カーポートの平樋から竪樋への連結部に、落ち葉などが詰まったことで排水不良となり、雨の日に雨水が平樋から溢れた。定期的なメンテナンスの不足が原因である。

処置：ドレンエルボなどを外し、詰まりの原因になっている落ち葉・ホコリなどを取り除いた。

再発を防ぐため、1年に数回、ドレンエルボを外し、割箸などでゴミの掃除を行って排水経路を確保しておくよう、施主に説明した。特に、台風通過後や、晩秋から冬にかけての落ち葉の季節は溜まりやすく、不具合が起きやすいことも、施主に注意喚起した。

落ち葉などが溜まりかけ、汚れている

対策

計画・施工上の留意点：施主には、定期的なメンテナンスが雨樋には必要なことを、設置前に伝える。その際には、落ち葉の詰まりを防止する専用のネットなどをオプションで取り付けることも提案しておく。

再発防止策等：カーポートの取り付け周辺環境を考慮し、大量の落ち葉やホコリなどが予想される場合は、オプションの落ち葉除けネットの取り付けを推奨する。ただし、落ち葉除けネットを付ければメンテナンスが不要になるわけではないので、取扱説明書等に記載されている定期的なメンテナンスについて、口頭でも施主に説明しておく。

落ち葉除けネットを取り付けた雨樋の事例（建物屋根の雨樋）

車庫まわり 24　対象製品　カーポート

晴天時にカーポート前枠から水滴が落ちる

落ち葉やゴミによる雨樋の排水不良から水が溜まっていた

原因と処置

落ち葉やゴミなどは、定期的に清掃する

原因1：晴天にもかかわらず、カーポートの前枠から水滴が落ちていた。晴天時に水滴が垂れるときは、プールのように雨樋に水が溜まっていることが多く、落ち葉やゴミにより雨樋が詰まり、排水不良を起こしていた。

処置1：ドレンエルボなどを外し、詰まりの原因になっている落ち葉を掃除した。また、端部キャップのシーリング不足・不良が原因の場合もあるため、施工要領書等を参照のうえ、確認した。

原因2：カーポートの前枠（軒樋）の排水勾配が、集水桝側ではなく逆勾配になっているため、前枠の端部（止まり）に水が流れて、溢れてしまった。

処置2：排水勾配を確認し、集水桝側に勾配が取れていない場合は、調整を行う。必要に応じて再施工を行うことになる。

対策

計画・施工上の留意点：雨樋に落ち葉が溜まりにくい、落ち葉除けネットをオプションで採用することを施主に提案する。また、カーポートの雨樋勾配についても注意し、施工要領書等に基づき勾配をとる。

メンテナンスの方法・再発防止策等：雨樋の掃除については、取扱説明書等を手渡しすることに加え、引渡し時に施主に口頭でメンテナンスの方法を説明する。

メンテナンスの際には、雨樋が頭上にあるため、ドレンエルボを外したときに大量の雨水が放出されることが想定される。したがって、衣服、周辺を濡らさないよう注意し、バケツなどを用意して作業を行うことも、施主に伝えておく。

カーポートの水勾配については、製品によって勾配をとる必要がなかったり、指定される場合があるので、施工要領書等に基づき、確実に施工する。

カーポートのフレーム部分から雨漏りした

落ち葉などが雨樋の集水口を塞いで水が流れなくなり、樋からオーバーフローした

原因と処置

清掃前のカーポートの前枠

清掃後のカーポートの前枠

原因：カーポートの雨樋部分に、落ち葉やゴミ、チリなどが蓄積してしまったため雨水の流れが悪くなってしまい、最終的には完全に雨樋を塞いでしまった。雨樋に水が流れない状態で雨が降ると、少量の雨でもプールのように溜まる。受け止めきれなくなった雨水が溢れ出し、オーバーフローを起こしてしまった。

カーポートの雨樋は、下からだとまったく見えない状態のため、どれぐらい汚れが溜まっているのかがわからない。また、２m以上の高所にあるため、掃除が難しく、見落としがちになる。

雨樋にはエルボ部分に簡易なゴミ除け機構があるので、定期的にキャップを外し、ゴミを除去しておくのがよい。

施主に引き渡すタイミングで、定期的な目視によるチェックと掃除が必要なことを説明しておく。

処置：雨樋の落ち葉、チリなどの汚れは、脚立などに登り手作業での掃除が必要になる。割箸などで大きな落ち葉を取り除き、雑巾などで汚れやチリなどを取り除く。高所作業になるため、安全への配慮と必要な高さに対応した脚立を使用すること。

対策

計画・施工上の留意点：周辺にカーポートより高い落葉樹などがある場合、大量の落ち葉が屋根に落ちることが想定される。また、台風や強風の後などは、広範囲から飛来物が来ることが想定される。落ち葉の時期や、台風などの通過後は、雨樋に溜まっているゴミのチェックを行う。年末の大掃除のときに、カーポートの雨樋を清掃するだけでも、詰まりが解消され、問題が発生しないことが多い。施主への引渡し時に、こうした説明を徹底する。

再発防止策等：各メーカーからカーポートのオプション品として「落ち葉除けネット」が用意されている。周辺に落葉樹などがあっても、落ち葉が雨樋に入り込まず、水路を確保できるので、詰まり防止・抑止のために導入を検討する（ホームセンターなどで販売されている同等の製品でも代用が可能）。

テラスが雨漏りしている 1

過剰シーリングで水抜き穴まで塞いでしまい、想定しない箇所に漏水した

雨樋以外から水が流れ、濡れている前枠

過剰なシーリングは雨漏りの原因になる

原因と処置

原因：テラスが雨漏りがすると、施主からクレームの連絡が入った。晴天時に現場へ訪問し、状況確認を行う。メーカーの施工要領書等に基づき、シーリングが必要な箇所に適切に行われているかチェックしたところ、問題はなかった。

そのうえで、漏水の再現を行うためにホースで散水試験を行うと、通常雨漏りが発生しない場所、水が回らないであろう場所からの漏水を確認した。

その漏水箇所を中心に、テラスの屋根部分を一部解体して確認したところ、必要でない部分にシーリングが実施されていることが判明した。本来シーリングの指定がない場所に過剰シーリングを行ったことによって水抜き穴まで塞いでしまい、降った雨水の流れが変わり、場合によっては水溜まりができてしまい、本来入らない場所へ雨水が入った。こうして想定していない箇所への漏水があり、アルミ部材の中などを水がつたった結果、雨漏りにつながった。

処置：上記以外に、余分なシーリング箇所がないかを確認するため、屋根構造部分を一度解体し、目視によってチェックした。

施工要領書等に基づき、記載がない部分のシーリングに関しては、カッターでシーリングを取り除き、施工要領書等のとおりのシーリングを実施した。

再度、確認のために行ったホース散水試験では、漏水した箇所およびその他の箇所からも雨漏りがないことを確認し、問題は解決した。

対策

計画・施工上の留意点：基本的な工法として、メーカーの施工要領書等にシーリングする箇所の指示がある。また、多くの場合は、メーカー、製品、積雪仕様、連結タイプ、柱仕様によって、シーリングの箇所が異なるので、施工要領書等にしたがって適切な施工を行う。

再発防止策等：垂木掛けや、前枠以外の場所から雨漏りした場合、原因がすぐにわからないことが多い。ほとんどの原因はシーリング不足だが、過剰シーリングでも雨漏りの原因になることを理解しつつ、施工要領書等に基づき施工する。

テラスが雨漏りしている 2

垂木掛け回りにシーリングが不足していたために、雨水が浸入した

過不足なくシーリングを確実に行う

確実にシーリングを行えば、雨天時も雨漏りしない

原因と処置

原因：外壁とテラスの結合部分にあたる垂木掛けの部分にシーリングの不足があった。最近ではシーリングポケットなど、シーリング箇所がわかりやすく工夫された製品が多くなった。こうした製品により塗りむらがでにくくなり、シーリングを原因とする不具合は発生しにくくなったが、シーリングの不足には注意が必要である。

処置：一度、既存シーリング材を除去してから、必要箇所全体に再度リーリングを行った。外壁材の性質・素材によってはプライマーを塗布のうえ、施工要領書等に基づき、必要箇所に過不足なくシーリングを行うことが必要。不足した場合も雨漏りの原因になり、過剰な場合も雨漏りの原因になるため、施工要領書等を参照のうえ、過不足なく確実に行う。

対策

計画・施工上の留意点：基本的な工法として、メーカーの施工要領書等にシーリングの箇所が指定されている。ただし、指定箇所はあるが、指定量までは記載されていないので、軒で常に日陰になる場所にテラスを設置するのか、直射日光が当たり続けるような南向きの場所に設置するのかによって、塗布する量を調整する必要がある。

再発防止策等：シーリングは経年により劣化・痩せが出ることをあらかじめ施主に話し、その際には増し打ち、打ち替えが必要になることを説明しておく。

庭まわり 03 対象製品 テラス

施主から指定工法外を指摘された

メーカーの施工要領書で指定仕様のシーリング材と異なるものを使用した

テラス屋根の取付け工事

〈施工上のご注意〉
シリコーンシーリング材を使用する場合は、ポリカーボネート板のひび割れなどのおそれがありますので、当社指定の脱アルコール系シーリング材を使用してください。

シーリング材メーカー	品名および品番
信越化学工業（株）	シーラント 72
モメンティブ・パフォーマンス・マテリアルズ・ジャパン（株）	トスシール 380
ダウ・東レ（株）	SE960

施工要領書等に記載されている、シーリング指定に関する注意書きの例（LIXIL 取付説明書より作成）

原因と処置

原因：テラス屋根の取付け工事において、部材の特性によって使用するシーリング材が指示されていることを認識せず、施工要領書等に記載されている指定材以外のものを使用したことが原因である。

また、これまで施工要領書等の内容を、一般のユーザーが知ることはなかったが、現在では誰でもインターネットなどから入手することが可能となり、施工品質について施主から厳しい目を向けられていることを認識していなかったことも、背景にあると考えられる。

処置：指摘を受けた既存のシーリング材を取り除いて、施工要領書等に記載されている指定のシーリング材に替えて、改めて打設を行った。

対策

計画・施工上の留意点：ポリカーボネートやアクリルなどのプラスチックの接合部分に使用を指定されているシーリング材は、脱アルコール型シリコーン（アルコール型ともいう）や変成シリコーン系となっている。一般的に安価で販売されているシーリング材の多くは、脱オキシム型といわれるものだが、これをプラスチックの接合部分に使用すると、クラック（ひび割れ）が生じる可能性があるため、品質を保つうえでは使用を避けることが必要である。

再発防止策等：材料の特性を理解し、施工説明書等の指定の仕様に則って施工することが重要である。

屋根からの雪落下でテラス屋根が破損した

締まり雪の衝撃に、ポリカーボネート屋根と垂木が耐えきれなかった

テラス屋根破損状況

カーポート屋根が折れた状況（参考）

原因と処置

原因：破損したテラスのポリカーボネート（以下、ポリカ）屋根は、耐積雪強度20cmタイプのものであった。数日間降り続いた雪が、2階建住宅の屋根からテラス屋根に落下した時、その衝撃荷重に耐えられずに破損した。破損の原因としては、次の事項が考えられる。

- 新雪の上にさらに積雪すると、初期の積雪部分は締まり雪になって氷結化していき、重量も新雪（約50～150kg/m^3）から締まり雪（約250～500kg/m^3）になることで5倍近く増す。
- 一般的には耐積雪強度20cmタイプは積雪量1cm当たり30N/m^2（比重0.3計算）まで耐えられるということだが、上から落下する際に重力などが加わったため、屋根の破損につながる衝撃力になったと推定される。

処置：ポリカ屋根の破損だけでなく、垂木も変形していたので、あわせて取り替えた。

今回の補修工事に関しては、火災保険の適用範囲（雪の重みでカーポートが破損した場合に準じる）である可能性もあったので、保険対応の手続きを検討した（保険会社により対応が異なる場合もあるので要注意）。

対策

計画・施工上の留意点：積雪地域におけるテラスやカーポート、ガーデンルームなどの新設では、降雪量に対応した耐積雪強度の製品選定を基本とし、次の事項にも留意する。

- 製品本体の耐積雪強度はあくまでも本体上部の積雪荷重に対応したものなので、建物屋根からの落雪は想定していない。従って、屋根からの落雪の可能性がある場合は、施主にはより慎重な事前説明を行う。
- 本件のように他の屋根からの落雪が想定される場合は、ワンランク上位の耐積雪強度の製品を選定することも検討する。
- 別注仕様になる場合もあるが、垂木部分のスパン（間隔）を縮めて強度を上げる補強もある。

竿掛けの高さが施主の希望と違った

明確な寸法による指示が曖昧なまま施工してしまった

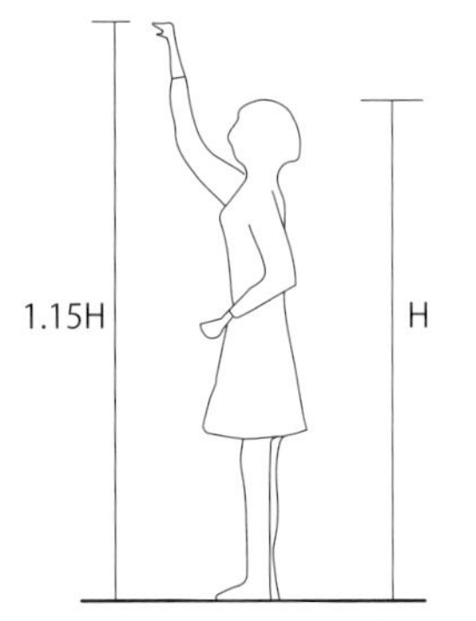

ヒューマンスケールのイラスト（手が届く高さ）
（岡田光正『空間デザインの原点』［理工学社、1993］より作成）

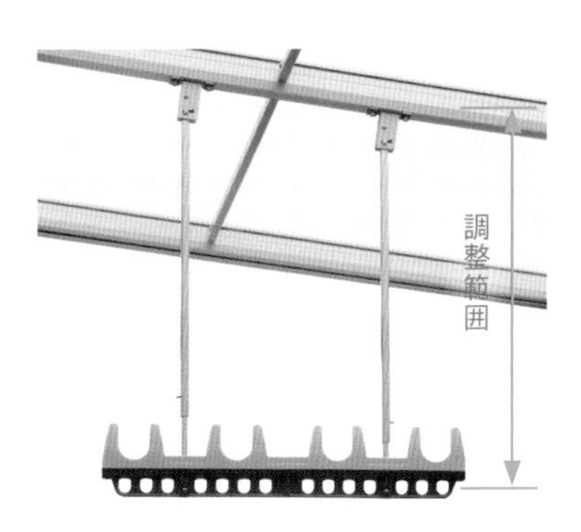

調整用竿掛け金具
（三協アルミ「エクステリアカタログ」より）

原因と処置

原因：竿掛け本体の取付け時の高さについて、作業した職人に明確な指示ができていなかったことによる。その要因として、具体的には次の事項があげられる。

- 洗濯物を干す施主が小柄な人であったにもかかわらず、現場で施主の確認を取らないままに設置した。
- 営業段階では、おおよその高さのについての確認は施主と行っていたが、その後も含めて明確な寸法（数値）での確認を取っていなかった。結果的には曖昧な状態のままで施工したため、施主の希望にそった高さに調整できなかった。

処置：施主立会いのもとで再度、竿掛け本体の高さを調整し、確認したうえで最終固定処理を行った。

対策

計画・施工上の留意点：営業、打合せ、作業着手前など、各段階で次の点に注意する。

- 営業、設計など各段階での打合せにおいて、位置や高さなどの数値に関係する内容については、抽象的（定性的）表現にとどめるのではなく、できるだけ具体的（定量的）な数値で表現し、お互いのコンセンサスを確実にするという接客スタイルを基本とする。
- 作業着工前に施主の確認が必要な内容は、施主の事前確認を踏まえたうえでの作業を基本とする。
- 施主が作業当日に立ち会えない場合は、営業などの担当者が事前に施主と調整・確認を行い、作業する職人に具体的な数値などによって指示する。

庭まわり 06 対象製品 テラス

テラスが雨漏りした

シーリングの施工不良、シーリング材の経年劣化

テラス屋根のシーリング例

テラス屋根の躯体接合部分のシーリング例

原因と処置

原因１：壁（躯体）とテラス、壁と屋根の接続部分などにおけるシーリングの施工不良により雨漏りが発生した。

処置１：接合部分のシーリング材を増し打ちする。特にシーリング材のつなぎ目には隙間がないようにしっかりと打設する必要がある。

原因２：シーリング材の経年劣化によって雨漏りが発生した。

処置２：一般的にシーリング材の耐用年数は５～10年といわれる。耐用年数を過ぎると、亀裂が入ったり弾性がなくなり硬化する。劣化したシーリング部分から雨漏りが発生した場合は、打ち替えが必要となる。

その他：屋根材に使われているポリカーボネートとの接合部に、一般の脱オキシム型のシーリング材を使うとクラック（ひび割れ）が生じる可能性があり、クラック部分や強度不足による破損箇所から雨漏りが発生することがある。

対策

計画・施工上の留意点：施工要領書等の指示にしたがい、適切な箇所にシーリングする。シーリングに切れ目がないようにしっかりと打設する。ポリカーボネートやアクリルなどのプラスチックの接合部分にコーキングする場合は、脱アルコール型シリコーン（アルコール型ともいう）や変成シリコーン系のシーリング材を使用する。

再発防止策等：経年劣化による雨漏りが発生した際は、不具合ではなく材料（シーリング材の耐用年数５～10年）の特性であることと、打ち替えが必要なことを、事前に施主に説明する。

9年前に施工したテラスから雨漏りした

テラス屋根前枠のシーリング材の経年劣化により隙間が生じた

経年によりシーリング材が硬化して、接合部に隙間が生じた例

シーリング材の打ち直しの例

原因と処置

原因：一般的にシーリング材の耐用年数は5～10年といわれるため、耐用年数を過ぎると、亀裂が入ったり弾性がなくなり硬化する。今回、テラス屋根の雨水が集まる前枠のシーリング材の硬化により隙間が生じ、そこから水が浸入して雨漏りの原因となった。

処置：劣化したシーリング材を打ち直す。シーリング材の耐用年数を超えたための亀裂や劣化が原因だとすると、問題となった箇所以外にも、同様に不具合が発生する場合が考えられる。

なお、シーリング材の増し打ちをした場合、硬化した古いシーリング材との接着が不十分となり、その隙間から水が浸入する場合があるため、いったん古いシーリングを除いたうえで、打ち直しをする必要がある。その場合、古いシーリング材は同様に劣化している可能性があるため、シーリング箇所のすべてを打ち直すことが望ましいが、作業コストも高額になる。よって、雨漏りしている箇所に加えて、外部に露出している（硬化劣化の原因である紫外線を浴びている）箇所に限って打ち直しをすることで、費用を抑える方法も考えられる。いずれの場合も、メンテナンスに掛かる費用を含めて施主に提案したうえで、補修方法を決定する。

対策

計画・施工上の留意点：シーリング材の経年劣化以外の原因で雨漏りを発生させないように、シーリング材に切れ目がないようにしっかりと打設する。ポリカーボネートやアクリルなどのプラスチックの接合部分にコーキングする場合は、脱アルコール型シリコーン（アルコール型ともいう）や変成シリコーン系のシーリング材を使用する。

再発防止策等：不具合ではなく、材料（シーリング材の耐用年数5～10年）の特性により硬化して隙間などができること、雨漏りが発生した際は打ち直しが必要なことを、施主に事前に説明する。

庭まわり 08 対象製品 テラス囲い

家屋の ALC 外壁から雨漏りした

テラス囲いを施工の際に、外壁にひび割れを発生させてしまった

テラス屋根の躯体接合部からの雨漏り

ALC 外壁のひび割れの例

原因と処置

<u>原因</u>：建物の外壁が軽量気泡コンクリート（ALC）であったが、ALC 壁の厚みに対して、テラス囲い取付けに用いたコーチボルトとフィッシャープラグの長さが不適合だったため、外壁にひび割れを発生させてしまい、そこから雨漏りした。また、外壁目地近くにビスを打ち込んだことも、割れの原因となった。

<u>処置</u>：壁の構造を確認し、適切な部材（コーチボルト、フィッシャープラグや ALC アンカー）を使用して、改めてテラス囲いを取り付け直した。ただし、ひび割れおよび破損した箇所の ALC は交換する必要があるため、建物を建てた建築会社などに確認して、協議したうえでの対応が必要となった。ビスは目地から 100mm 以上離して打ち込むようにした。

対策

<u>計画・施工上の留意点</u>：ALC 外壁とは軽量気泡コンクリートでできた外壁をいう。ALC の構造をよく把握したうえで、テラス囲いなどの取付けを行うことが求められる。住居などの仕様および構造は様々だが、後付けでテラス囲いなどを設置する場合は、基本的に ALC 壁に取り付けて固定することとなる。その際は適切な部材（コーチボルト、フィッシャープラグや ALC アンカー）と工法で取り付けることが重要となる。

また、ビスは目地から 100mm 以上離すことで割れのリスクを軽減することができる。ただし、テラス囲いなどを ALC 外壁へ固定する場合、強度面の不安や外壁材の破損を発生させるリスクが高い。さらに、外壁へ穴を開けることによって、多くの場合は建物の保証が対象外となる。このような状況を考えると、テラス囲いなどを ALC 外壁へ直接取り付けることを回避するべきである。外壁取付けの製品に替えて、独立タイプの製品を提案することを検討する。

外壁からサンルーム内に雨水が浸入した

外壁通気工法の住宅で、台風時に外壁の水切り部分から内部を濡らした

外壁内部に通気層がある外壁通気工法

基礎水切りの隙間で調査することができる

原因と処置

原因：台風の日に、サンルームの室内に雨水が入ってきたと、施主からクレームがあった。翌日、訪問して現場状況の確認を行った。まず最初に、屋根の部分からの雨漏りを疑い、確認したが、雨漏りの痕跡や雨漏り箇所の特定はできなかった。そこで、詳しい状況について施主からヒアリングし、写真でも確認すると、サンルーム内のウッドデッキは、外壁に近い部分から湿るように濡れていた。このことから、屋根から滴が落ちたのではなく、外壁の水切り部分からサンルーム内のウッドデッキに、ごく少量の雨水が浸入したことがわかった。

現場状況より、雨水は、垂木掛けのビス穴から外壁内部へ浸入し、外壁通気工法特有の外壁内部の通気層をつたって、外壁の水切りの部分から排出され、ウッドデッキを濡らしていることが判明した。

しかし、サンルームはバルコニーの下に設置しており、雨水が垂木掛けのビス穴から直接浸入するとは考えにくかったが、台風の影響により、降った雨が屋根を逆流して垂木掛け部分に溜まったことが原因だと想定した。

処置：垂木掛けの部分にシーリングの打ち増しを徹底して行い、散水実験を行った結果、雨漏りはなかった。施主へのヒアリングでは、台風以外の通常の雨天時には雨漏りが発生していないということなので、処置としては完了した。

対策

計画・施工上の留意点：施工方法として正しかったとしても、雨水が浸入してしまう場合もある。今回は、方角、台風、外壁通気工法、サンルームという条件が組み合わさり、特異的に発生した不具合事例だった。比較的早い段階で原因が突き止められたが、建築を含めて豊富な知識を持った担当者が対応したため、2次クレームへの発展が抑止された。

再発防止策等：最近は、様々な工法や外壁の素材が使われている。サンルームにも影響してくる住宅の外壁に関する情報を知っておけば、クレームの早期解決・再発防止に役立つ。

庭まわり 10 対象製品 ガーデンルーム

ガーデンルーム内部へ雨漏りした

ALC 外壁目地とガーデンルームの接点のシーリング材が剥離して隙間ができた

ALC 外壁住宅の例

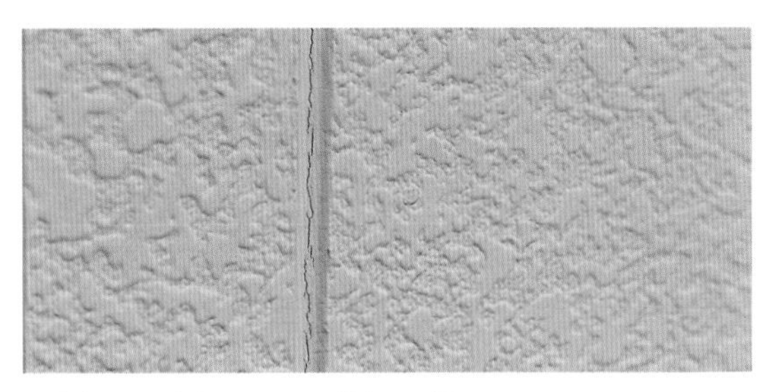

目地部分の劣化によるひび割れの例

原因と処置

原因 1：軽量気泡コンクリート（ALC）外壁にビス取付けでガーデンルームを設置した場合、外壁のひび割れや破損による雨漏りのリスクが高いため、ひび割れが懸念されたが、本事例の原因はそうではなかった。目地のシーリング材と躯体接合部のシーリング材が剥離して小さな隙間ができたことにより、そこから雨水が浸入したものだった。

処置 1：外壁目地とガーデンルームの接点となる箇所に対して、重点的にシーリング材を増し打ちする。シーリング材の塗布後は、流水を掛けるなどして雨水の浸入がないかを確認する。

原因 2：ガーデンルーム設置部のシーリング材に不具合がないにもかかわらず、外壁の目地を伝ってガーデンルーム内部に雨水が浸入する場合は、外壁目地のシーリング材に問題があることも考えられる。ガーデンルームの設置箇所より上部にある目地のシーリング材が、経年などにより劣化し、ひび割れや切れていることがあり、そこから雨水が浸入する場合がある。

処置 2：外壁目地のシーリング材の打ち直しや、増し打ちが必要となるので、施主に説明し、外壁専門業者などへ相談するように伝える。

対策

計画・施工上の留意点：外壁とガーデンルームの設置箇所へのシーリング材塗布をしっかり行う。引渡し前に、雨水の浸入がないか流水を掛けて試験することが望ましい。

再発防止策等：シーリング材の経年劣化（耐用年数 5 ～ 10 年）について施主に事前説明を行い、雨水の浸入が発生した際にはシーリング材の増し打ちが必要であることを伝えておく。

その他：ガーデンルームなどを ALC 外壁へ固定する場合、強度面の不安や外壁材への破損を発生させるリスクが高く、また、外壁へ穴を開けることによって、多くの場合は建物の保証が対象外となってしまう。このような状況を考えると、ALC 外壁へ直接取り付けることは回避するべきである。外壁取付けの製品に替えて、独立タイプの製品を検討、提案することも必要である。

庭まわり　対象製品　ガーデンルーム

外壁との隙間から雨漏りした

垂木掛け部分のシーリングの指定箇所に、シーリングをしていなかった

外壁との隙間から雨漏りが発生している

施工要領書等の指定箇所に確実にシーリングを行う

原因と処置

原因：ガーデンルームを設置後、間をおかずに雨漏りがすると施主からクレームがあった。確認すると、垂木掛け部分にシーリングをしている部分としていない部分があることが判明した。

担当した職人に確認すると、複数名でガーデンルームの組み立てを行っていたため「シーリングは誰かがやってくれるだろう」と他の作業をしていた。シーリング材も複数本用意していなかったなど、作業分担の詰めの甘さが露呈してしまった。

さらに、納期に余裕がなかったことも拍車をかけ、シーリングの実施の有無を確認しないままで屋根が張り終わり、次の工程に取り掛かってしまった。

処置：雨漏りの原因を疑われる場所に関しては、カッターでシーリングを一度すべて剥がし、再度シーリングを実施した。

対策

計画・施工上の留意点：メーカーの施工要領書等に指定のある箇所へはシーリシングを行う。その際、屋根を張る前に見えなくなってしまう場所は、屋根を張る前にシーリングの確認を必ず行う。また、作業分担についても、当日にしっかりと決めておく。

シーリング材については、指定のシーリング材か同等品を使用する。

再発防止策等：現場によっては、施工当日に初めて顔を合わせる職人もいる。その時には「どのような業務分担にするか」「途中休憩の時に、お互いの次の作業の確認する」などの体制・関係づくりをしておく。

庭まわり 12 対象製品 ガーデンルーム

外壁との間からガーデンルーム内に雨水が浸入した

ガーデンルーム接合部分の建物凹凸目地のシーリングが十分でなかった

凹凸のある外壁サイディングの参考例

凹凸がある場合はシーリングをしっかりと充填する

原因と処置

原因：凹凸のある外壁サイディングに取り付けたガーデンルーム内に雨漏りが発生した。ガーデンルームは部屋になっているため、1滴でも水滴が落ちると目立ってしまう。

現地調査の結果、接合部分の外壁サイディングに行ったシーリングが原因であり、縦目地部分からの浸入であることが確認できた。

凹凸のある外壁は特に、縦目地からの水の浸入を完全に塞ぐことは難しい。施主には事前に、凹凸がある外壁サイディングへの取付けの場合、シーリングを十分行っていたとしても、ちょっとした隙間から浸水する可能性があること説明をしておくべきだった。

処置：雨水の浸入箇所を確認してから、再度シーリング材を塗布した。特にサイディングの縦目地から浸入しやすいため、目地を入念に埋める必要があった。シーリング材のみで目地を埋めると痩せてしまうことがあるため、凹凸隙間隠し材、隙間テープなどを併用して、シーリングを行った。

対策

計画・施工上の留意点：タイルなどを含む凹凸のある外壁への壁付け製品は、雨水の浸入のリスクが高い。ガーデンルームの設置場所に軒があれば、雨が直接当たることが少ないので雨漏りは発生しにくくなる。逆に、軒がなく、垂木掛けの接合部に直接雨が当たる場合は、雨水浸入のリスクが高い。また、軒があっても、雨と同時に風が強く吹いた場合は、雨水が屋根を逆流してシーリング箇所から浸入することもあるため、設置場所は慎重に計画する。

メンテナンスの方法・再発防止策等：設置当初は雨漏りがなかったとしても、経年によりシーリング材の劣化や痩せが起こり、雨漏りにつながることもあるので、あらかじめ施主に説明しておく。

庭まわり 13 対象製品 ガーデンルーム

ガーデンルーム内に結露が発生した

設置環境や使用状況で内部の湿気が溜まったことで結露しやすくなった

気密性が高くなっているガーデンルーム

室内に植栽があると結露しやすくなる（参考例）

原因と処置

原因 1：ガーデンルームは4面が囲まれている空間だが、最近の製品は気密性が上がっているため内部の湿気が外へ逃げずに溜まってしまい、外気との気温差により表面に結露が発生してしまった。

処置 1：湿気対策として次の方法がある。

- ●居室側の窓を開けて換気をする。
- ●ガーデンルームに換気扇を設置する。
- ●外窓を開けて、ガーデンルーム内の換気をこまめに行う。

原因 2：植木鉢などをガーデンルーム内に置いている。

処置 2：植栽をすることは、水やりや、植物の光合成による蒸散作用（植物から水が水蒸気として出ること）などにより、ガーデンルーム内の湿度が上がるため、結露が発生しやすくなる。気になるようであれば、植木鉢を屋外に置くなどして対応する。

対策

計画・施工上の留意点：ガーデンルームの設置場所が北側になる場合や、洗濯物干し場に使う場合は、結露のリスクが高くなる傾向がある。また、日光が当たる時間など周辺環境にも影響を受けるため、確認しておく。結露防止策としては、こまめな換気、除湿機、換気扇の取付けなどを提案する。

再発防止策等：ガーデンルームはその性質上、気密性・断熱性が通常の建物に比べて劣る。居室と同じ感覚でいる施主もいるので、現場調査時に説明しておく。

人工木デッキの床が反る 1

躯体と床材の間のクリアランスが適切に取れていなかった

熱膨張により躯体に突き当たって反った例

種類	ポリプロピレン（非変性）	低密度ポリエチレン
	LDPE	PP
熱膨張率 10^{-5}/℃	6 ～ 8.5	16 ～ 18
連続耐熱温度℃	107 ～ 150	82 ～ 100
熱変形温度℃（18.5kg/cm^2）	52 ～ 60	32 ～ 40

プラスチック物性（熱可塑性）
（華陽物産「プラスチック物性一覧表」より作成）

原因と処置

原因：人工木（樹脂木）には樹脂が含まれているが、その性質上、日当たりや気温により、膨張や収縮が起こる。したがって、施工要領書等には、躯体と床材の間にクリアランスを開けて設置することが指示されている。この事例では、躯体と床材のクリアランスが十分に取れていなかったために床材の伸縮に対応できず、床材が躯体に突き当たった結果、反りが発生した。

なお、使用する製品に含まれている樹脂素材や、設置時の温度によって、メーカーの指定するクリアランス条件と異なる場合があるので注意が必要である。

処置：躯体と突き当たったことによって反ってしまった床材を取外し、反りを戻したうえで、躯体との間に適切なクリアランスが保てる長さに床材を一部切断し、再度取付け工事を行う。

反った床材が戻らない場合には、新たな部材で工事を行うことが必要となる。

対策

計画・施工上の留意点：施工説明書等には、躯体と床材の間にクリアランスを開けて設置することが指示されているので、指定のクリアランスを設けること。人工木（樹脂木）は熱により膨張・収縮することを認識することが重要である。

膨張・収縮率は、含まれる樹脂素材やその割合によって異なる。素材として多く使われているポリプロピレン（PP）は温度変化が10℃につき約0.085%、また、ポリエチレン（LDPE）では10℃の変化につき約0.18%の膨張・収縮率があるとされている。つまり、ポリプロピレン（PP）の場合、1,000mmの床材では、温度変化10℃につき約0.85mmとなるので、2,000mmの床材では、40℃の温度変化によって、約6.8mmの膨張・収縮があるといえる。なお、ポリエチレン（LDPE）は、同条件で約14.4mmの膨張・収縮があると考えられる。

注　人工木（樹脂木）には樹脂素材のほかにも含有物があるため、上記の数値と異なる場合がある。

再発防止策等：製品の特性を理解したうえで、施工説明書にしたがって施工すること。

人工木デッキの床が反る２

束柱と束石が固定されていなかったため、束石が浮いてしまった

束柱が束石に固定されていないため、ずれてしまっている

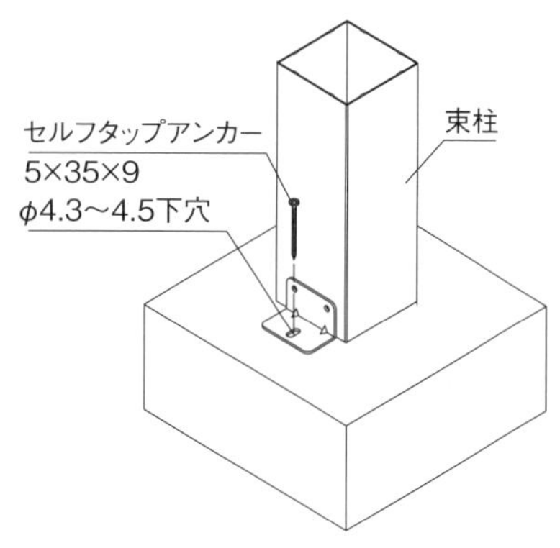

束石にコンクリート用ドリルで下穴φ 4.3 〜 4.5 をあけ、セルフタップアンカーで束柱固定金具を固定

束柱と束石の固定
（三協アルミ「人工木デッキ施工要領書」より）

原因と処置

原因：人工木（樹脂木）には樹脂が含まれているが、その性質上、日当たりや気温により、膨張や収縮が起こる。その結果、部材の反りが発生することがある。束石などの基礎と束柱が固定されていれば、床材の反りをある程度抑えることができるが、この事例では、束石と束柱が固定されていなかった。束石が地盤沈下などで沈み込んだ際に、固定されていない束柱が浮いた状況となったため、床材の反りの影響が大きく出てしまった。

処置：金具およびアンカーボルトなどを使用して、基礎となる束石と束柱を固定する。地盤の沈下があった際は、束石の下に土を充填し、高さを調整する必要がある。

その他：床板の反りの原因が部材との突合せにより発生している場合は、メーカーの施工要領書等に指定されている適切なクリアランスとなるように、部材の長さを一部カットするなどして調整する（p.134 参照）。

対策

計画・施工上の留意点：基本的な工法として、メーカーの施工要領書等に束柱設置の固定が指示されている。また、多くの場合は、束柱固定金具も同梱されているので、施工要領書等に従って適切な施工を行う。

メンテナンスの方法・再発防止策等：ウッドデッキの設置の際に用いる簡易的な基礎の場合、地盤沈下が見られる場所については、今度は束柱を固定していた束石が浮いてしまう状況が考えられる。その場合は、束石の下に土を入れる補修が必要なことを、事前に施主に説明することが重要となる。

人工木デッキの床が反る 3

屋上設置による強い日射と温度上昇により、想定以上に床材が膨張した

屋上設置の人工木デッキ床の反り

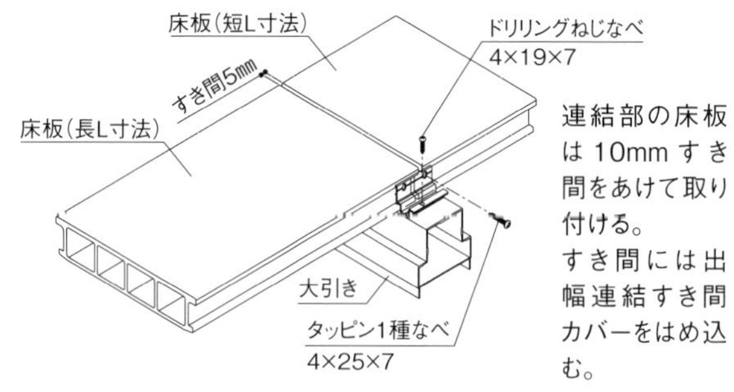

床板のすき間 5mm のクリアランスをとっている例
(三協アルミ「人工木デッキ施工要領書」より)

原因と処置

原因:屋上設置の人工木デッキであったため、強い日射によって表面温度が想定以上に上昇し、床材がメーカーの許容範囲以上に膨張したことが原因で、浮き上がってしまったと考えられる。人工木には樹脂が含まれているが、その性質上、日当たりや気温により、膨張や収縮が起こる。メーカーの施工要領書等には、膨張や収縮に対応するために、躯体と床材の間にクリアランスを開けて設置することが指示されているが、本事例は施工要領書に指定されたクリアランスを設けて取り付けていたにもかかわらず、メーカーの想定以上の温度上昇によってクリアランスを超える膨張が発生し、躯体などの部材と突き当たったことで反りが発生した。

処置:躯体と突き当たったことによって反ってしまった床材を取外し、反りを戻したうえで、躯体との間に適切なクリアランスが保てる長さに床材を一部切断し、再度取付け工事を行う。

反った床材が戻らない場合には、新たな部材で工事を行うことが必要となる。

対策

計画・施工上の留意点:計画段階において、設置場所の環境を把握したうえ製品選定を行うこと。製品の特性を事前に施主へ説明したうえで、製品を提案すること。

再発防止策等:基本的に、メーカーの施工要領書どおりのクリアランスを設けていれば、施工としては適切といえる。

参考例として、ある人工木の場合は、冬場 10℃、夏場 50℃が基準とされている。

夏場:長さ 2,000mm の場合、熱膨張係数 5 × 0.00001 × 50℃で伸び 5.0mm

冬場:長さ 2,000mm の場合、熱膨張係数 5 × 0.00001 × 10℃で伸び 1.0mm

ただし、メーカーで設定された温度変化範囲を超えるような場合は、製品の変更や別途対処を検討する必要がある。温度上昇による床材の膨張が原因となるため、直射日光が強い場所にはオーニングなどで日陰をつくり、温度上昇を抑えることも対処の一つとなる。

人工木デッキの床が反る4

束石の代わりに250角平板を置いただけの基礎が、反りを抑えられなかった

人工木デッキの反り

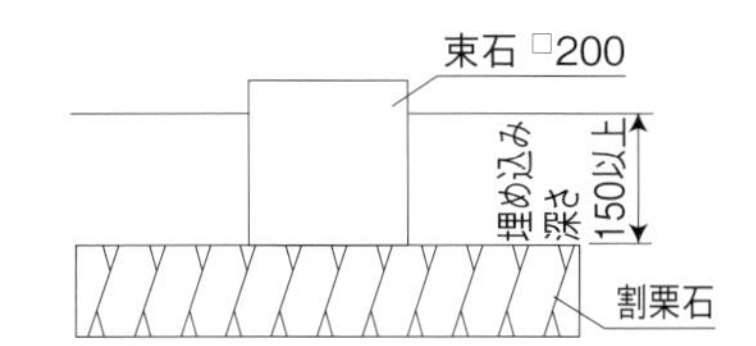

● G.L面がコンクリート仕上げではない場合は束石を使用する。

①束石は上面の寸法が200×200mm以上のものを使用し、150mm以上埋め込む。

②各束石の位置を掘り、割栗石を敷いて、束石を据える。

③束石のレベルを出す。

注　上記の作業が十分でないと、束石の浮き沈みが生じるおそれがある。

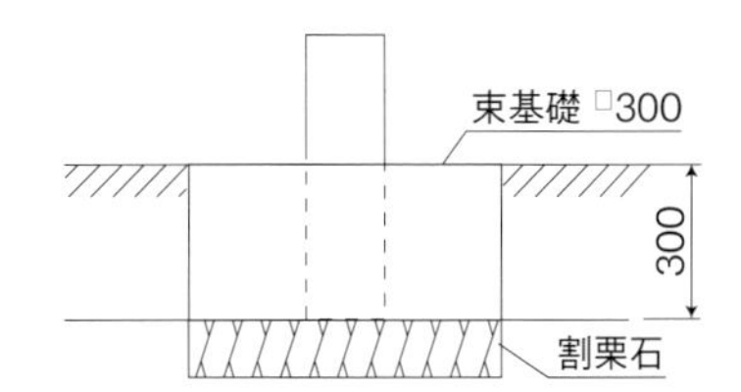

〈埋め込みの場合〉

※デッキの高さがH700mmを超える場合は、必ず埋め込む（調整式は除く）。

束石の埋込み
（三協アルミ「人工木デッキ施工要領書」より）

原因と処置

原因：人工木（樹脂木）には樹脂が含まれているが、その性質上、日当たりや気温により、膨張や収縮が起こる。その結果、部材の反りが発生することがある。束石と束柱が固定され、束石がしっかりと埋め込まれた基礎であれば、床材の反りをある程度抑えることができるが、本事例は、250角の平板を束石に使用し、埋め込まずに土の上に置いているだけだったため、床材の熱伸縮による反りを抑えられず、反り上がったと考えられる。

処置：平板を使用せず、200角以上の束石を150mm以上埋め込んで基礎工事をやり直す。メーカーの施工要領書等に指定されている場合は、その工法に則って施工する。

対策

計画・施工上の留意点：人工木の熱による膨張・収縮などの特性を理解し、設置する場所の気温や日照条件を把握したうえで設計すること。

再発防止策等：製品の特性を理解し、施工要領書等に従って施工することが重要となる。設置場所によってはメーカーの想定する温度変化を超える場合があるので、環境に注意する。

庭まわり 18 対象製品 ウッドデッキ

人工木デッキの床が反り、音が鳴る

土の流出で基礎の束石が浮いてしまい、床板を固定できなくなる

デッキ材が浮いてしまっている状態

土間コンクリート設置の例

原因と処置

原因：ウッドデッキの束石の下のモルタルが十分に充填されておらず、土の流出により束石が浮いてしまっていた。束石が浮いてしまったことで、床板を固定することができず、ウッドデッキ上を歩いた際に音鳴りが発生したと思われる。

処置：メーカーの施工要領書等に指定されている束石の大きさと工法に則って、改めて束石を適切な箇所に設置し、基礎工事をしっかり行うことが必要となった。

ただし、設置場所の地盤が安定していない場合などは、地盤沈下などで若干の沈み込みが発生することがある。その場合は、危険を生じないことを検証のうえ、しばらく束石を固定せずに使用し、地盤沈下などの際は、その箇所の束石の下に土を入れて補修するなどの経過をみながらの対応も考えられる。

施主に工法と補修について説明し、今後のメンテナンスも含めて検討することが必要である。

対策

計画・施工上の留意点：ウッドデッキの基礎は、土間コンクリートの打設が理想的だが、高額となる。束石および基礎となる箇所の周辺環境を確認し、基礎工事、もしくは、束石施工の検討を行うことが必要。施主にはそれぞれの内容を事前に説明し、コストとメンテナンスについて納得のうえで決定するようにする。

メンテナンスの方法・再発防止策等：束石施工の場合、沈み込みの可能性があることを施主に事前説明し、発生した場合は、束石の下に土を入れて補修を行うことを承知してもらうこと。

人工木デッキの色むら、色のイメージが違う

追加施工で同じ人工木デッキを設置したが、新旧でデッキ材の色が異なった

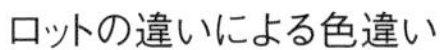
ロットの違いによる色違い

ロットの違いによる色違い（拡大）

原因と処置

原因 1：追加施工のため、発注ロットの違いによる色違いが原因と考えられる。人工木デッキは工業製品のため、天然木に比べれば均一化されているが、材料となる樹脂の多くは再生プラスチック材を原料にしている。素材となる再生プラスチックの色の割合が、製造ロットごとに異なる場合があるため、製品の色味にも影響がでる場合がある。メーカーでは、製造ロットを管理しているので、同時発注した場合は色むらが発生することは基本的に少ないと考えられるが、絶対ないとはいえない。したがって、施工する際は材料の色味を確認し、色合いの差を感じさせないようにまばらに配置して敷くなどの工夫が必要となる。

処置 1：追加施工や発注をする場合は、色味が異なる場合があることを施主に説明して、納得してもらう。可能であれば、異なる色の部材を全体的にまばらに配置するように付け替えて、自然な色分布にする。

原因 2：計画や見積の際に、製品のサンプルをもとに検討している場合、イメージと実際の色味が異なると感じることがある。製造ロットによる違いとは別に、屋内照明の下や屋外での時間、また、目に入る面積などで大きく印象が異なる場合がある。

処置 2：製造ロットによる色の違い、照明や日光、面積の条件の違いでイメージと異なる場合があることを、施主に説明する。

対策

計画・施工上の留意点：製造ロットの違いや、照明や日光、面積の条件の違いで色味がイメージと異なる場合があることを、事前に施主に説明しておく。追加施工や発注をする場合は、色味が異なることもあるので、事前に施主に説明し、同意を得る。施工する際は、材料の色味を確認し、自然な色分布となるように、まばらに敷くなどの工夫をする。

人工木デッキの雨染み

天然木粉を含む材料特性によって、雨染みや色むらが発生した

原因と処置

人工木デッキの雨水汚れ沈着の例

原因：人工木は天然の木粉を原料の一部に使用しているため、その特性として、降雨による雨染みが発生したと考えられる。

処置：降雨による雨染みが発生した場合は、製品全体に十分に水をまき、自然乾燥させると目立たなくなる。また、人工木も天然木と同様に外的要因により、汚れや染み、黒い斑点（カビなど）が発生する場合がある。汚れを長期間放置すると沈着してしまうことがあるので、1年に1～2回程度は清掃することが必要となる。特に海岸地帯や交通量の多い道路沿いは、塩分や排気ガスによる腐食や染みが進みやすいので、こまめに手入れすることが必要となる。

対策

計画・施工上の留意点：製品の特性とメンテナンスについて、施主に事前に説明をしておく。

メンテナンスの方法・再発防止策等：次のようなメンテナンスを行う。

●人工木の通常のメンテナンス

表面についたゴミ・ホコリは、ほうきなどでこまめに取り除く。汚れている部分は、雑巾やスポンジなど柔らかいものを使って水洗いしてから、乾拭きするか、それでも落ちない場合は、薄めた台所用合成洗剤（液体、中性）を使って汚れを落とし、洗剤が表面に残らないようによく水で洗い流して、最後にしっかりと乾拭きする。

●頑固な汚れ、黒い斑点（カビなど）の除去

①表面のゴミ・ホコリ・汚れを取り除いた後、使用する次亜塩素系漂白剤、カビ取り剤の使用方法に従って一定時間放置する。

②散水しながら、節目に沿ってデッキブラシやスポンジで軽くこすりながら洗い落とす。

③最後に表面や目地材などに漂白剤、カビ取り剤が残らないよう、しっかり水で洗い流し、流し終わったら表面に水が残らないように必ず乾拭きする。

●雨染みの除去

①まず、施工面全体にわたり、表面のゴミ・ホコリ・汚れを取る。

②散水ホースなどを用い、表面が完全に濡れるように十分に散水する。

③散水終了後、自然乾燥すると染みを目立ちにくくすることができる。表面に水が部分的に後残りしている場合は、最後に必ず乾拭きする。

人工木デッキの表面が毛羽だった

デッキの床表面に、擦れによる毛羽立ちが発生した

原因と処置

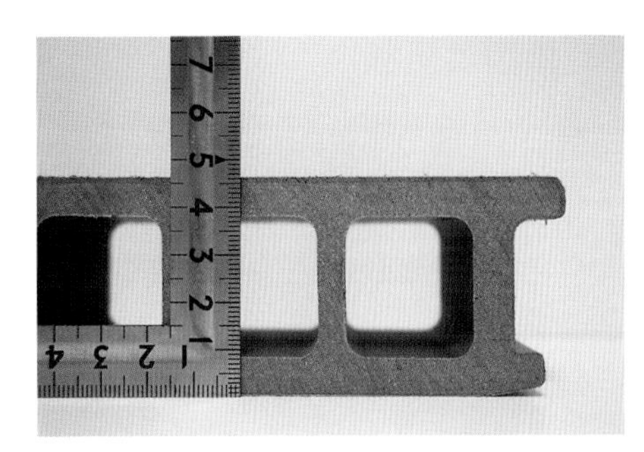

人工木デッキの断面の例

原因：使用しているうちに、製品表面に擦れなどにより毛羽立ちが発生したと考えられる。

処置：表面の毛羽立ちを取り除くことで、補修を行う。補修の方法はサンドペーパーやデッキブラシで擦ることが考えられるが、製品の特性や強度などによって、補修に使用する工具などが異なる場合がある。メンテナンス方法として、各メーカーの取扱説明書等に記載があるので、その内容に則った方法で補修を行う。

対策

計画・施工上の留意点：製品の特性とメンテナンスについて、施主に事前説明をしておくこと。

メンテナンス・再発防止策等：ここでは、メンテナンスの参考例としてサンドペーパーによる補修方法を紹介する。

市販のサンドペーパー（60番）で表面を長手方向の節目にあわせ、毛羽立ちやキズなどが生じた部分を周囲の状態と違和感のないように全体的にぼかす感じで擦るときれいに補修できる。市販のペーパーホルダー（サンドペーパーを取り付ける補助器具）を使うと作業がやりやすくなる。また、60番以外のサンドペーパーや金属ブラシを使用したり、表面を過度に擦ってしまうと、意匠性が損なわれたり、表面意匠層が損傷し、芯材が露出してしまうことがあるので行わないこと。部分的に補修を行った場合は、周囲の状態と違って見えることがないように“周囲を含め全体的にぼかす感じで擦る”ことがポイント。

これは一例だが、各メーカーの取扱説明書等を確認すること。

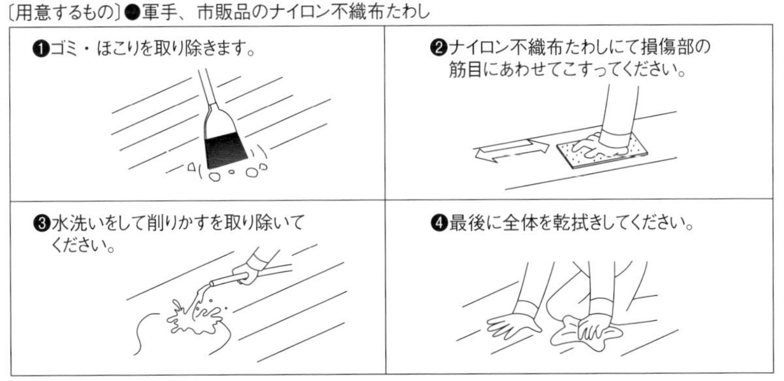

メンテナンスの参考例（三協アルミ「エクステリア商品 施工要領書・取扱説明書」より）

人工木デッキ表面に雨水が溜まった

製品特性による床材の反りの内側に雨水が溜まり、雨染みが残った

原因と処置

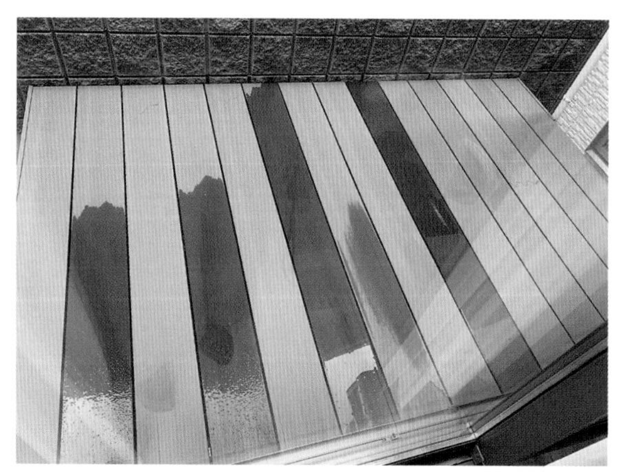
人工木デッキの水たまり例

原因：人工木（樹脂木）には樹脂が含まれているが、その性質上、日当たりや気温により、膨張や収縮が起こる。その結果、部材の反りが発生することがあるが、日当たりの違いなどにより床材の温度が異なる場合、反りは一定とならず、凹凸状になる場合がある。

本事例は、反りの内側となるへコミの部分に雨水が溜まり、水が蒸発した後に雨染みが生じたと考えられる。

処置：反りの発生原因として、温度上昇による膨張が考えられるが、床材の設置に際して膨張時のクリアランスが保たれているか確認する。クリアランスが少なく躯体との接触によって反りが生じているような場合は、床材の長さを調整して設置し直す。

他の部材との接触がなく、また束石の固定にも問題がない状態で床材が単独で反っている場合は、製品の特性による。直射日光が強い場所にはオーニングなどで日陰をつくり、温度上昇を抑えることも対処方法の一つとなる。

根本的に解決するには、熱膨張の影響を受けにくい材質の人工木デッキなどに取り替えることも一つの方法である。雨染みについては、全体に十分に水をまき、自然乾燥させると目立たなくなる。汚れを長期間放置すると沈着してしまうので、1年に1～2回程度清掃することが必要である。

対策

計画・施工上の留意点：人工木デッキの製品の種類と特性およびメンテナンスについて、施主に事前に説明する。

再発防止策等：雨染みの除去は次のように行う。

①まず、施工面全体にわたり、表面のゴミ・ホコリ・汚れを取る。

②次に散水ホースなどを用いて、施工面全体にわたり、表面が完全に濡れるように十分に散水する。

③散水終了後、自然乾燥すると染みを目立ちにくくすることができる。表面に水が部分的に後残りしている場合は、最後に必ず乾拭きする。

人工木デッキの床がへこんだ

デッキに置いていた大型プランターを移動したら、床板がへこみ、跡が残った

人工木デッキの上のプランター

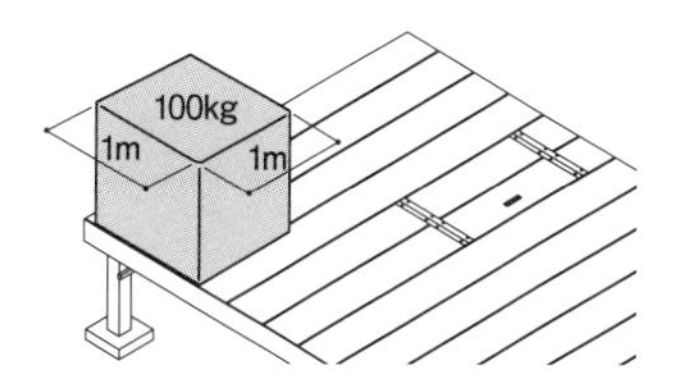

●床板１枚に常時かかる重量は 15kg未満にしてください。床板の下に補強板を取り付けた場合は 40kg未満にしてください。部材が変形・破損するおそれがあります。床板の上に常時重量物を置く場合は、$1m^2$ 当たり 100kg以下とし、重量が分散される置き方としてください。長期使用時にはデッキのへこみや色が周囲と変わる場合があります。

積載荷重に関する注意書きの例（三協アルミ「人工木デッキ取扱説明書」より）

原因と処置

原因：容量 80L のテラコッタ（陶器）製のプランターに植物を植えて、デッキの上に１年間ほど置いていたが、その総重量はおおよそ 100kg であった。

人工木デッキの多くは中空構造となっているため、耐荷重性能を超えた場合にはへこみや破損が発生すおそれがある。本事例でへこんだ人工木デッキのメーカー取扱説明書を確認したところ「床板１枚に常時かかる重量は 15kg未満。床板の下に補強板を取り付けた場合は 40kg未満。床板の上に常時重量物を置く場合は、$1m^2$ 当たり 100kg以下とし、重量が分散される置き方とする」と記載されていた。

本事例は 100kgの荷重が、プランターの底面積 $0.25m^2$ にかかり（$1m^2$ 換算で 400kg）、デッキ材の耐荷重性能を超えたことが原因と考えられる。

処置：施主に原因を説明して大型プランターを移動してもらい、人工木デッキの上に置かないことで、さらなるへこみを避けた。

対策

計画・施工上の留意点：使用するデッキ材のメーカーの施工要領書および取扱説明書等に記載されている耐荷重性能を確認して、荷重超過となるものを置かないようにする。施主には引渡しの際などに、取扱説明書の内容をしっかり読み込んでもらうように案内する。

重量物を置くことをあらかじめ計画する場合は、耐過重性能の高い製品を選定することが必要となる。公共施設向けの人工木デッキには、耐荷重性能および耐候性能が高い製品があるので検討する。

庭まわり　24　対象製品　ウッドデッキ

ビスの締め忘れ、切りカスなどのゴミ残り

工事完了後、施主から電話でビス締めと掃除の不十分を指摘される

原因と処置

<u>原因</u>：予定より作業が遅れていたため、複数の作業員がインパクトドライバーでビスを締めていたが、作業が交差する付近でお互い相手が締めると思い込み、ビスの締め忘れが発生した。また、作業終了時に職長および施工管理者が現場に不在であり、双方の完了チェックを受けずに、暗がりに片付け、現場を後にした。また、作業完了時に施主が外出していたので、工事完了時の引渡し検査を受けていなかったなど、多重のチェック不足が原因であった。

<u>処置</u>：翌日、施工管理者が訪問した際に、施主よりビスの締め忘れと清掃不足の指摘を受けた。職方にすぐに連絡を入れて、ビスの締め忘れ箇所の対応と清掃をし直した後に、再度、施主の引渡しチェックを受けた。

デッキ下の掃除不足

段階確認チェック表

お施主様名　○○市　●●様邸

工事・管理内容　ウッドデッキ設置工事

工事責任者：■■　■■

	工程段階	確認内容	確認担当者	チェック欄
1	着工前	お施主様挨拶		✓
		着工前写真撮影		✓
		設置物等移動		✓
2	施工段階	搬入材料の確認(個数・商品)		✓
		柱・梁等構造材の設置		✓
		化粧材(デッキ材・幕板)設置		✓
3	完了時	清掃・移動戻し		✓
		完了後写真撮影		✓

【お施主様完了確認】

工事完了について確認致しました。

202●年１月２３日

▲▲　□□　　　印

施工段階チェック表の例

対策

<u>計画・施工上の留意点</u>：金属製のゴミ（切りクズ・予備ビス）などは特に目立つため、清掃時にはしっかり目視して回収するように心がける。

<u>再発防止策等</u>：次の事項に注意する。

- 複数の作業員が同時に同一作業をする場合、作業前にそれぞれの作業範囲を明確にして、職人同士の声掛け確認を徹底する。
- ヒューマンエラーを減らすために、社内独自に作業ごとの工程段階完了表などをシートとして作成する。着手説明、各種作業の完了時、工事完了時、清掃時と段階的にそれぞれの担当者がチェックしていき、最後は、作業完了の引渡し時に施主の検査を受け、シートに署名の記入をしてもらう。

建物外壁のひび割れと内部への雨漏り

オーニング設置部分の建物外壁にひび割れが発生、内部への雨漏りを誘因？

他業者によるボルト部コーキング

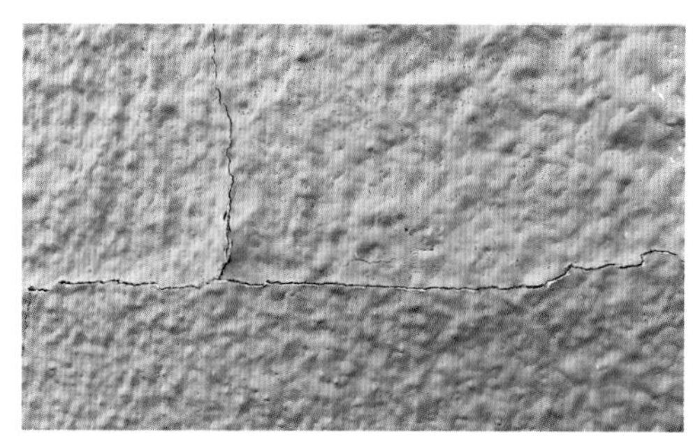

建物外壁のクラック状況

原因と処置

原因：オーニング（幅2間×出幅2m、手動式、設置後5年）より建物内部への漏水が発生した、とのクレームが施主よりあった。建物外壁（モルタル下地吹付仕上げ）には数箇所のクラック（亀裂）が見られ、オーニング設置部分のボルトやコーキングなどの不具合により、建物内部への雨漏りが発生したのではないかという。カーテンレールのビス部から水滴が落ちるとの主張もあった。

処置：メーカー、施工業者、雨漏り調査業者との写真および現地調査、現地での聴きとり調査を行った。その結果、下記内容に準じてオーニングが原因ではないと書面にて提出し、施主の理解を得た。

- 現地調査では、オーニング取付け部のボルトからの屋内側漏水は確認できなかった。オーニングの雨水は外壁面をつたうだけで内部には漏水しない。ベースプレートおよびカバーケース部のコーキングにも、特に劣化などの問題は見受けられない。なお、オーニングのボルトやコーキング上部には、他の出入り業者による再コーキングの形跡があった。
- メーカーの見解では、外壁部分の経年変化などの問題がない建物に対しては、オーニング開閉時や風による揺れなどによって、建物外壁にクラックを誘発するような力は加わらない。
- 以上より、漏水原因をオーニング工事に特定することはできない、むしろその可能性は低い。

対策

計画・施工上の留意点：オーニング工事着手前の建物外壁状況の写真を撮影していなかったことが、オーニング工事とクラック発生の因果関係を即座に否定できなかったことにつながった。これを教訓とし、工事内容にもよるが、建物外壁状況などについても着工前の写真撮影の必要性を再認識し、以後、徹底する。

人工芝が冬季に収縮した

夏に施工した人工芝が、冬の寒い時期に収縮して、継目に隙間ができた

人工芝の継目の隙間

人工芝の継目の施工

原因と処置

原因 1：施工場所の下地が土であり、長期間の雨などで下地の土が流出したことによって、人工芝が浮いた状態になった。さらに、冬の寒さによって人工芝が収縮して隙間ができてめくれ上がり、クセづくこととなった。

処置 1：下地の土の流出を防ぐために、土の下に透水シートを設置した。その上で、下地の転圧による締め固めを行い、土の流出をできる限り防いだ。土の流出が避けられない場合には、地盤改良やコンクリート下地での施工が望ましい。

原因 2：固定ピンの施工間隔が施工要領書等の推奨間隔よりも広かったため、冬の寒さによる人工芝の収縮に耐えることができず、継目に隙間ができてしまった。

処置 2：人工芝の継目と固定ピンの施工間隔を、施工要領書等のとおりの推奨間隔にて再度、施工を行った。

対策

計画・施工上の留意点：下地が土の場合には、下地の調整が必要になる。特に、軟弱地盤の場合には地盤改良が必要となり、水はけの悪い地盤の場合には排水設備を設ける必要がある。

人工芝の材質によっては、夏季の高温と冬季の低温によって伸縮する場合がある。一般的に人工芝の収縮率は± 0.5% 程度の製品が多い。施工説明書等のとおりに、指定された間隔で固定ピンを施工していれば、収縮を抑えることができて大きな隙間はできにくい。収縮率を考えると、ロール状の人工芝の場合は、長手方向の伸縮が大きくなるため、施工時には継ぐ方向に注意が必要である。

また、シートとシートのジョイント部にはジョイントシートを使用し、継目の処理が適切に行われていることも重要となる。

冬に水栓柱から水が出ない

水の凍結により配管が膨らみ、水が出なくなった（水漏れするようになった）

立水栓の設置例

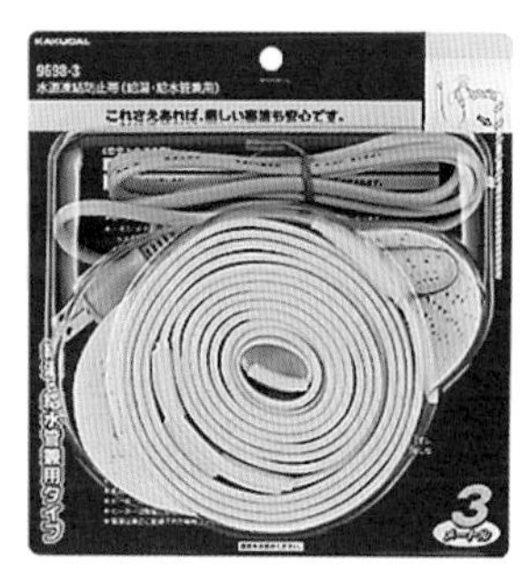

水道凍結防止帯（参考商品：カクダイ）

原因と処置

<u>**原因 1**</u>：水栓柱の内部配管に残っていた水が、冬場の低気温により凍結したことで、水が出なくなったと考えられる。

<u>**処置 1**</u>：水栓柱内の水の凍結により、水が出なくなった場合は、解凍することで解決できる。まず、金属部分を布で覆い、ぬるま湯を全体的にかけることでゆっくり解凍する。このとき、急ぐあまり熱湯をかけてしまうと、急激な温度変化によって製品が熱膨張し、亀裂などの破損を発生させてしまう危険がある。また、無理に蛇口などを開けようとしたり、叩いて氷を割ろうとした場合も破損させてしまうことがあるので行わない。

<u>**原因 2**</u>：解凍後に水漏れする場合は、内部配管内の水が氷となる際に生じる体積膨張圧の影響で、配管を破損したことが考えられる。

<u>**処置 2**</u>：凍結後に水が出続けてしまう場合は、一度凍結して配管が破損された後、気温上昇などにより解凍されたことが考えられる。その場合、蛇口を締めていても水が出続けたり、蛇口以外の箇所から漏水が発生してしまう。処置としては、まず水道の元栓を締めて水の流出を止めるとともに、配管取替えの修繕が必要となる。

また、気温低下が起こりやすい地域であれば、水抜きなどの機能が付いている寒冷地対応の立水栓へ交換する。

対策

<u>**再発防止策等**</u>：水は流れていると凍りにくくなるので、途切れないくらいの少量の水を流し続けて凍結を防止する。また、配管が露出している箇所や蛇口、金属部分には布などを巻くことで一定の効果が期待できる。凍結するような低温状態が続く地域では、凍結防止機能の付いた寒冷地用の立水栓を選択することが必要となる。そのほか、凍結防止アダプターや電気式の水道凍結防止帯などで対策する。

庭まわり 28 対象製品 水栓柱

水栓柱の蛇口から水が漏れる

施工後に蛇口をしめても、水がポタポタと落ちてくる

蛇口の分解

蛇口内部のゴミ

蛇口に詰まっていたゴミ

原因と処置

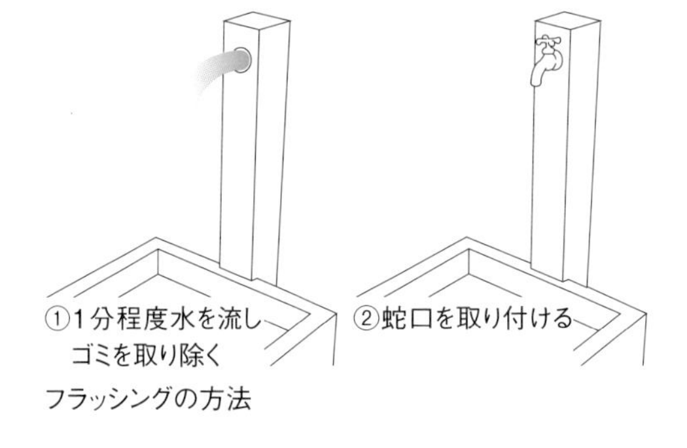

フラッシングの方法

原因：水栓柱（立水栓）を使用中に、蛇口をしめた際に水がポタポタ落ちる、と施主より連絡が入った。現地確認時に、水栓柱の蛇口をはずして分解してみると、蛇口内部にゴミが詰まっていた。水栓柱の施工時に配管内に入り込んだゴミが、蛇口に詰まってしまっていた。

施工直後にはフラッシングを行い、1分程度、勢いよく水を通す必要があったが、施工業者に確認すると実施していなかった。そのため、蛇口部分に残ったゴミが蛇口内で詰まって隙間ができたために、水がポタポタと落ちることになった。

処置：蛇口の清掃と、念のため、再度、フラッシングを行ってゴミの除去と配管清掃を行った。これにより、水漏れが解消された。

対策

計画・施工上の留意点：施工要領書等に準じて施工を行う。施工直後にフラッシングを行い、1分程度、配管内に勢いよく水を通すことで、配管内に溜まったゴミを除去することが必要である。

蛇口の清掃とフラッシングでも水漏れが解消されない場合には、蛇口内のパッキンなどが傷付いているおそれがあるため、蛇口を分解してパッキンやネジ山についても確認が必要である。

また、水漏れを止めようと蛇口のハンドルをきつく締めすぎて配管を破損させるなど、状態を悪化させることがあるため、現地確認時にも注意が必要である。

ゴミストッカーが強風で飛ばされ、車を傷付けた

駐車場でのゴミストッカー移動にともなう２次被害

ゴミストッカー全体図
（参考、不具合事象ではない例）

転倒防止アンカー部分

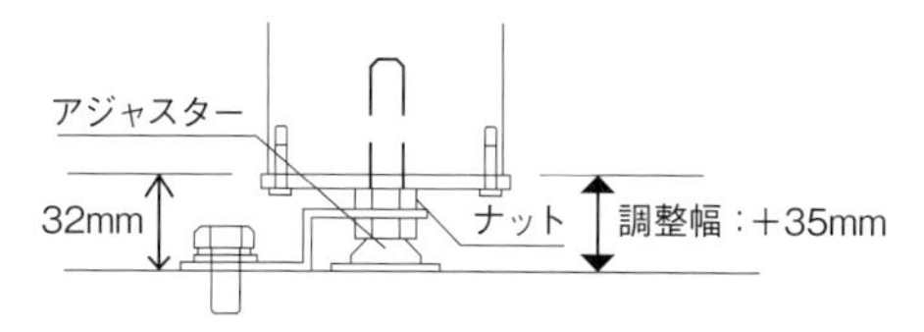

転倒防止アンカー取付け断面図
（三協アルミ「エクステリアカタログ」より）

原因と処置

原因：ゴミストッカーは、コンビニエンスストアの駐車場に隣接する土間部に設置予定であった。しかし、引渡し前で最終設置場所が確定しておらず、施主は移動する可能性もあると言っていたので、仮置きのまま製品図面に記載されていたアンカーボルトによる固定をしていなかった。

さらに、アンカーで固定していないにもかかわらず、ロープなどによる仮固定や、土嚢袋などで荷重をかけるといった対策もしていなかった。

処置：施主に最終設置位置を確定してもらい、アンカーボルトにて、既存土間への固定処理を行った。車の傷については、火災保険の風災保障に該当するのではないかと思い、保険代理店に相談したが、基本的な施工不良のための事象と認定され、保険による傷の補修費用の充当はできなかった。

対策

計画・施工上の留意点：アンカー固定前のゴミストッカーや物置などでは、次の点に注意する。

- 台風、竜巻などにより、34m/s 以上の強風が想定される場合は、必要に応じた強風対策を確実に行う。
- ブロックに乗せているだけでアンカー固定がなされていない物置などについては、台風などの強風が想定される場合は、本体と一定の構造物をロープなどでつなぎ、仮固定する。
- キャスター式の場合は、可能であれば室内に取り込む。

全般 01 対象製品 手すり

手すりに“もらいサビ”が発生した

サビにくいステンレス製の表面に、サビが出てきた

表面にサビが発生したステンレス製の手すり

ステンレス製サイクルストッパーもサビに注意が必要

原因と処置

原因：ステンレスはサビないといわれているが、表面に酸化被膜を形成することによりサビにくくなっているだけである。ステンレスがサビる場合は、他の製品でのサビが移る「もらいサビ」が発生したり、塩化物イオンなどによって表面に化学反応を起こし、酸化被膜が破壊されて局所的にサビることがある。

塩害地域、工場地域、鉄道の近くでは、特に注意が必要となる。

処置：もらいサビが発生してしまった場合の処置は、市販のステンレス用のサビ除去剤（中性）を使用して除去する。このとき酸性の洗剤を使うと、変色の原因になることもあるため使用しない。研磨剤などで磨き落とすと、磨き傷が残りやすいため、ステンレス専用のサビ除去剤を使用する。

対策

計画・施工上の留意点：手すりのほか、表札、門扉、水栓柱などにもステンレス素材の製品がある。こうしたエクステリア製品では、ステンレスのJIS規格のうちサビに強いSUS304が主に使われるが、製品によっては耐食性が多少劣るSUS430が使われているものもある。

もらいサビは、特に鉄道の近くで発生しやすい。風向きにより鉄粉が飛んでくることが原因であり、こうした地域では、アルミ製品にも斑点状にサビや腐食を発生させることが多い。したがって、現場調査時には周辺環境に注意し、サビに対する影響などを施主に随時説明する。

メンテナンスの方法・再発防止策等：少なくとも1年に1回、台風の通過後などに中性洗剤を使用して洗浄する。洗浄後の保護については、各製品にある取扱説明書等に準じて行う。

全般 02 対象製品 グレーチング（溝蓋型）

グレーチングのガタつきが発生する

溝蓋型のグレーチングを新設したが、部分的にガタつく場所がある

溝蓋型グレーチング

コンクリートが下地となっているため、不陸の確認が大切である

原因と処置

原因：現地調査時に宅地内の調査を行ったが、側溝および既存グレーチングの状態まで詳細に確認していなかった。

工事完了後に施主の車がグレーチングの上を往来するようになってから、ガタつきが発覚した。側溝の状態の確認不足であり、側溝の溝蓋肩の凹凸を見落としていたことが原因であった。

処置：グレーチングをいったん外して水平板で確認すると、既存の側溝肩の部分、側溝が載る所の表面に凹凸があることを確認した。

平均値より凸部にはディスクサンダーでコンクリートを研磨し、凹部は側面に型枠を設置してモルタルを流して調整した。調整後、まだガタつきが残っていたので、溝蓋の上に立ってどの方向にガタつくのかを確認し、ガタつく場所には、溝蓋と側溝の間に緩衝材としてゴムパッキン（厚さ3mm）を取り付けて対応した。

対策

計画・施工上の留意点：外構計画時に現地調査を行い、既存のグレーチングがある場合は、使用の際に想定される荷重をかけて、ガタつきの点検、確認を行う。新設グレーチングを設置する計画がある場合は、側溝肩に凹凸がないか調査する。凸凹がある場合は、次の項目を計画に入れ込む。また、側溝肩をやり替えなければならない場合は、グレーチング枠付きの製品にすると、ガタつき防止に有効である。

- 側溝肩の補修項目（モルタル不陸調整など）
- 緩衝材の設置項目（ゴムシートの設置など）

メンテナンスの方法・再発防止策等：一般的に利用されるゴムシートの場合は、複数年使用するとクッション性が劣化する。定期的に緩衝材の破損、劣化状態を確認して、状態が悪い場合は緩衝材を取り替える。

全般 03 対象製品 グレーチング（設置型）

歩行するだけでグレーチングから音が出る

設置型グレーチングが跳ね上がってしまい、着地時に大きな音が出てうるさい

モルタル調整

耳曲げ

クリップ取付（け参考）

原因と処置

<u>原因</u>：グレーチングの上を人が歩行するだけで音が出ると、施主より指摘される。現地調査を行うと、1枚の設置型グレーチングの片方に荷重がかかると、テコの原理のように反対側が跳ね上がって浮いた状態になり、着地したときにグレーチングと側溝とが勢いよく当たることによる衝撃音であった。側溝肩が平らではなく、凹凸になっていたことが原因だった。

<u>処置</u>：道路側の側溝肩が凹凸となっており、宅内側の側溝肩は新設のやり替え工事なので凸凹はなかった。グレーチングを設置すると四隅の1カ所だけが浮いた形となってしまうため、次の処置を行った。

- ゴムシートを設置して高さを調整するとともに、ゴム材をクッション代わりにして音鳴りを静止させる。
- 大幅な調整が必要な場合は、グレーチングのアングル（耳）の下にモルタルの架台を設置して高さを同じ水準にする。
- 少量のガタつきの場合は、浮いてしまった1カ所のグレーチングの耳を曲げて、接地面にあわせる。
- グレーチングの連結金具（クリップ）を設置して、1枚だけの動きを最小限にすることで音の発生を和らげる。

対策

<u>**計画・施工上の留意点**</u>：設計段階における現場調査時に、側溝の天端を確認して凹凸がある場合は、補修項目として見積および図面に計上して、コンクリートで平坦に補修する。

<u>**メンテナンスの方法・再発防止策等**</u>：定期的に次の項目のチェックを行う。

- ゴムシートの状況を確認し、破損および劣化などが見受けられる場合は、取り替える。
- 調整したモルタルのクラックや破損が見受けられる場合は、現状モルタルをいったん撤去し、やり直す。
- 連結金具が外れかかっていないかを確認する。

全般 04 対象製品 養生

養生管理への意識が不足していた

養生ブルーシートが夜間に風でバタつき、隣家から「うるさい」と苦情があった

ブルーシート養生１（参考事例、写真提供：松尾造園）

ブルーシート養生２（参考事例）

原因と処置

原因：門柱壁（高さ 1,400、幅 1,200）などの左官仕上げ工事において、前夜に雨が降る可能性があったので、アプローチ周辺の門柱壁２箇所を５×10m のブルーシートによって養生した。予想通りに深夜に雨が降り、風をともなったため、ブルーシートがバタバタと大きな音をたててしまった。

養生面積は約 12m^2 位、高さも 2m 強であり、長手方向はシートの折り返しができていたが、短辺方向の一部に折り返しのできない部分があり、そこから入った風の流れも影響したのではないかと推察できた。なお、ブルーシートは風で飛ばされないように、8 箇所に砕石入土嚢袋で引張り、固定した。

以上のように、雨や風に対するブルーシート養生のみを考えれば問題ないといえる。しかし、音に関しては、深夜にバタバタと大きな音をたてる可能性があったにもかかわらず、隣地住人への声掛けができていなかったことが、苦情になった最大の要因といえる。

処置：ブルーシートは１日のみの養生であり、次の朝の左官工事着手までに、養生工事作業者により撤去された。撤去前に隣地側住民に対して、「ご迷惑をお掛けした」旨のお詫びをするとともに施主にも連絡を入れた後、作業を開始した。

対策

再発防止策等：ブルーシートによる養生（土間面・壁面、掘削時の切土部分など）は、どちらかといえば職人や作業者任せの部分が多く、養生のクオリティーに差が出てしまう場合がある。したがって、協力業者会などを通じ、各種養生の仕方の共有化や課題を検証し、社員も含めて養生工事全体のスキルの嵩上げを図る。

全般 05 対象製品 清掃

安全衛生管理への意識が不足していた 1

アルミ部材切断の際に生じる切り屑や切り粉が残っている、と施主から指摘される

アルミ切り粉養生（梱包材）

アルミ切り粉養生（ブルーシートおよびエラスタイト板）
（写真提供：松尾造園）

原因と処置

原因：作業終了時の清掃不足。

処置：施主からの清掃不足の指摘に応じ、現地確認と再清掃を行った。通常の現場よりは飛散している切り屑や切り粉の量も多く、施主には管理不十分と認めたうえで陳謝した。

対策

再発防止策等：次の①②を徹底する。

①作業時および清掃基準の見直しと徹底。

- 作業は、ブルーシートなどの上で行うことを基本とする。ただし、高所での作業時は、風によって切り屑や切り粉が飛散することもあり、シートの効果が十分発揮できない場合もある。従って、常に清掃に対する意識を高く保つことを基本とする。
- 電動カッター使用時は、安全対策と切り屑や切り粉の拡散を防ぐために、必ず安全カバーを付けた状態で作業を行う。結果として、より精度の高い清掃につながる。
- アルミ形材用電動カッターには、集塵器が付いているものはないので、独自に工夫して集塵器を付けることも検討する。
- 清掃時、通常の箒では清掃しづらいこともあるので、現場には集塵器を携帯する。
- 精度の高い清掃について、具体的な状況を設定したランク付けを行い、各作業者と管理者で共有することにより、清掃レベルの嵩上げと標準化を図る。

②作業者安全教育の再徹底。

- 5S（整理、整頓、清掃、清潔、躾（しつけ））のなかで、整理、整頓、清掃を中心に再度徹底するとともに、「現場は展示場」という意識の再確認を行う。

全般　06　対象製品　現場対応

安全衛生管理への意識が不足していた2

施主より職方の態度と対応が悪いと指摘を受ける

危険予知活動表	月　日(　)
作業内容	
危険なポイント	
私達はこうする	
会社名　リーダー名	作業員　名

危険予知活動表の例

朝礼でのKY活動

原因と処置

原因：他の工事と工期が重なったために職方不足となり、同業者に協力を求めた。その際、現場に入るにあたっての新人教育、現場での注意事項などの説明は特にしていなかった。さらに、現場職長も打合せなどが重なり、現場状況を把握しきれていなかったことによる。

処置：工事が始まってすぐに施主から職方の態度や対応が悪いと指摘を受けたので、速やかに工事をいったん中断し、全員参加で施主の指摘内容を報告した後、現場での禁止事項、注意事項について説明した。しかし、数日経っても改善が見られなかったため、職方を変えるように協力会社に打診する。

新しい職方には現場での新人教育として、注意事項を記載したプリントを配布するなど、衛生・管理の認識を促した。また、作業開始前に朝礼を行い、服装のチェックなどを作業員同士で行わせてKY活動を実施した。さらに、雨の日には事務所での安全会議を行い、ビデオなどの視聴を通じて安全衛生の意識向上を促した。

対策

再発防止策等：労働安全衛生法第3条（事業者等の責務）において「事業者は、（中略）、快適な職場環境の実現と労働条件の改善を通じて職場における労働者の安全と健康を確保するようにしなければならない」と定められている。ただ、エクステリア工事では、労働者10人以下の小規模工事がほとんどであるため、安全教育などは各工事店によってまちまちなのが現状である。そのため、各工事店は独自でルールなどを決めて、安全衛生の意識向上として、次の内容を実施することが望ましい。

- 基本的な現場での服装・マナー・注意事項・禁止事項などをマニュアル化して定めておく。
- 新しい職方が現場に入る場合は、現場での注意事項・禁止事項などの新人教育を行う。
- 作業前のKY活動を行う（服装のチェックおよび危険作業等の確認）。
- 社内で安全衛生管理者を選任し、定期的な現場の安全パトロールを実施する。
- 定期的な安全会議を実施する（安全ビデオ・安全についての講習会など）。

全般 07 対象製品 工事全般

工程管理への意識が不足していた

工期延長で引渡しが延び、工事中に施主が借りていた駐車場も期間延長に

原因と処置

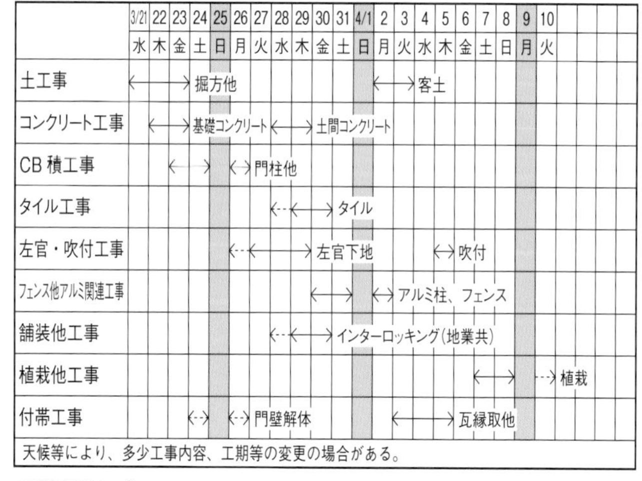

工程表サンプル

原因：契約および工程管理において次のような原因があった。

- 契約書には、完工日時や引渡し日時の明確な記載がなく、口頭での説明にとどまり、工程表の提出もなかった。
- 社内的には、各現場のバーチャート工程表がホワイトボードに記入されていたものの、進捗チェックや補正、修正などが上手く機能していなかった。
- アルミ職人の日程が、職人不足も影響したことで全体的に余裕がなく、さらに、当初予定より前工程の工事が遅れたため、再度現場に入れる日程が予想以上に延びた。
- 施主に対する工事担当者および営業担当者からの連絡も十分でなかったため、結果として施主の信頼を失い、不信感が増大した。

処置：まずは、会社の責任者（社長）が施主宅を訪問して、数々の不手際と施主に迷惑を掛けたことを陳謝した後、工事遅延によって発生した施主の臨時駐車場使用の追加費用を負担する申し出を行った。

再発防止策として、社内プロジェクトを立ち上げ、改善策を早急に作成した。

対策

再発防止策等：改善策作成のポイントは次のとおり。

- 契約書作成が必要な物件内容および請負金額について、再度社内ルールを確認するとともに、確実に遵守させる。
- 契約書条項内の工事着工予定日、工事完工予定日、工事引渡し日については、具体的な日時や、着工日から○○日などの具体的な表示を基本とし、記載がない契約書は社内ルールとして受け付けない。
- 工程表は、必ず契約書・見積書と同様に施主に提出する。施主に提出するということは、社内でのラフな工程管理とは異なり、工程管理の精度とクオリティーの改善につながる。

長く安全に使うための
メンテナンス方法

4-1　素材別のメンテナンス方法

エクステリア製品を長く、安全に使っていくためにはメンテナンスが必要となる。正しく手入れを行っていない場合は、機能不全や耐用年数の低下、危険が伴う場合があるので、必ずメンテナンスを行うように心がける。

エクステリア製品の多くは薄めた中性洗剤、いわゆる「食器用洗剤」で洗浄が可能である。0.5～1.0％ほどに薄めることが推奨されており、具体的には500mlのペットボトルに対して、ペットボトルのキャップに洗剤を入れるぐらいの量でちょうどよい。

4-1-1　アルミニウム

カーポート、フェンスなど、ほとんどのエクステリア製品にはアルミニウム合金が使われている。各メーカーによるメンテナンス方法を見ると、柔らかいスポンジに薄めた中性洗剤をつけて洗浄し、洗った後は十分な水で洗い流すことが推奨されている（写4-1）。汚れ以外に、表面に傷がある場合は、潤滑性に優れたシリコン系のスプレーを吹きかけた後、乾いた布などで拭き取ると綺麗になる。

擦り傷以外であれば、そのまま放っておいても、サビが進行するなどの心配はない。

一方で、柱が曲がっている、格子が凹んでいるなど、内部のアルミ金属がむき出しになるほどの深い傷は、強度に影響する場合があるので、取付け工事を依頼した業者などに相談する。

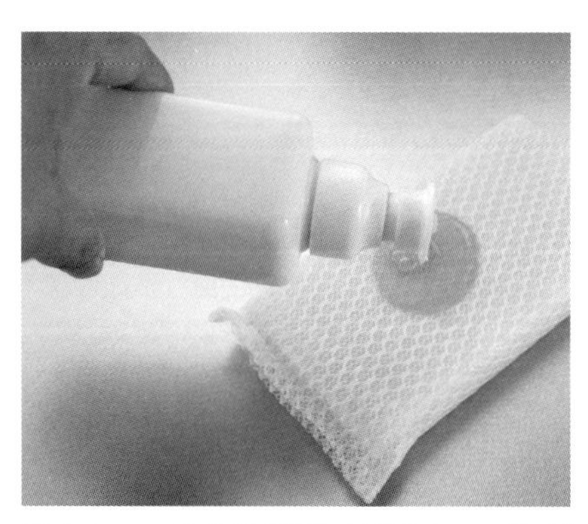

写4-1　アルミ金属表面には柔らかいスポンジと中性洗剤を使用

4-1-2　木目調のラッピング材

木目調に見える素材は、シールの「ラッピング材」が使われている。ラッピング材の汚れは、アルミ製品と同じく薄めた中性洗剤で洗うか、消しゴムでこすると取れる。

この場合の注意点は、メラミンスポンジを使用しないこと。メラミンスポンジを使用するとラッピング材の表面に細かな傷が入り、痛めてしまう可能性がある。取れない汚れがあるときでも、あくまでも文具の消しゴムを利用する（写4-2、3）。

写4-2　木目調ラッピング材

写4-3　メラミンスポンジは傷の原因になるので、ラッピング材には使用しない

4-1-3　鉄・スチール

物置、ポスト、メッシュフェンスなどは、鉄・スチール素材でできている。サビ防止のために表面は

保護塗装（塗膜）や保護材が塗られていることが多いので、表面の塗膜が剥がれた場合は、専用の塗料で補修することを推奨する。

メーカーが販売している補修用の塗料を利用するのが望ましいが、自動車用品の補修塗料を使った補修も可能である。全く同じ色にはならないが、サビが発生したまま放っておくことが一番危険なので、サビの進行を防止する。（写 4-4）。

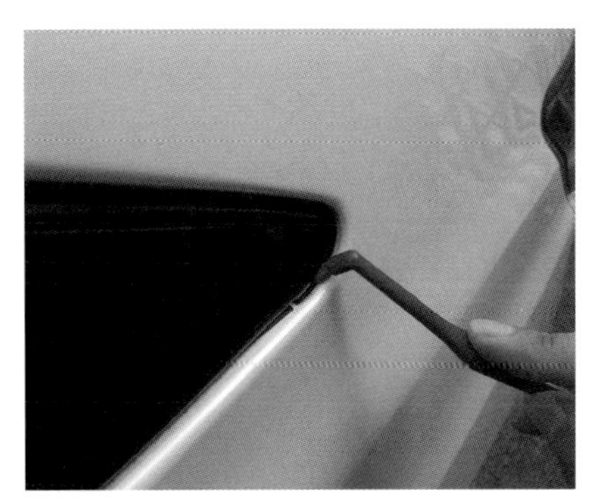

写 4-4　サビは早めに補修する

4-1-4　ステンレス

サビないと思われているステンレスも手入れが必要である。日常の洗浄は、薄めた中性洗剤を使用すれば、問題はない。また、沿岸部や鉄道、幹線道路が付近にある場合、塩分・鉄粉がステンレスの表面に付着し、サビを発生させてしまうことがある。

ステンレスがサビてしまう原因は「もらいサビ」がほとんどであるので、該当地域にステンレス製品を取り付ける場合は、定期的に洗い流すことを推奨する（写 4-5）。

写 4-5　もらいサビが出ているステンレスの手すり

4-1-5　人工木・樹脂木

人工木や樹脂木の普段の手入れにも、薄めた中性洗剤の使用が可能である。まれに、人工木・樹脂木のウッドデッキやフェンスの表面に、黒い斑点ができることがあるが、この斑点の正体はカビである。市販のカビ取り洗剤（次亜塩素酸水）で、洗うことを推奨する。また、薬剤が残っていると色むらの原因になるので、洗った後は、薬剤が残らないように大量の水でしっかりと流す。

除去できない汚れは、粗い目のサンドペーパーで除去する。このとき、必ず板目に沿ってサンドペーパーを掛けるようにする（写 4-6）。

写 4-6　人工木・樹脂木の落ちない汚れにはサンドペーパーを使用

4-1-6　樹脂・ポリカーボネート

カーポートやテラスの屋根、採光用フェンスに使われる透明なポリカーボネート板材も中性洗剤で汚れを洗い流せる。ポリカーボネートの表面には傷が付きやすいので、スポンジを使わないで、できれば洗い流すのみに留めておくのがよい（写 4-7）。

写 4-7　ポリカーボネート板材は洗い流す

4-2　メンテナンスの頻度・時期

エクステリア製品のメンテナンスは、少なくとも1年に1回以上は行う。一番良いタイミングは、台風の通過後である。特に沿岸部は、台風の雨に海水の塩分が含まれていることもあり、残留した塩分が屋根や金属に悪影響を与え、サビの原因になりかねない。台風の通過後は、メンテナンスと破損カ所の確認が必要といえる。

また、年末の大掃除よりも秋口の掃除のほうが効果的である。

真冬の場合は、寒さで汚れが固まっており、水も凍っていることがある。万一、破損に気が付き、修理の相談をしようと思っても、エクステリア業者が年末年始休業中のことも多く、作業効率も悪い。年末よりも、秋のほうが気候もよく、汚れが落ちやすいため、枯れ葉が落ち始めた頃が、エクステリアのメンテナンスに最適である。

4-3　製品・部位別のメンテナンス方法

エクステリア製品の部位別にメンテナンス方法・確認すべきポイントについて紹介する。日頃からチェックを行うことで長く安全にエクステリア製品を使うことができ、耐用年数を延ばすこともできる。

4-3-1　カーポート・サイクルポート

カーポート・サイクルポートで一番メンテナンスが必要になるのは雨樋である。雨樋のキャップを外してゴミを取り除くと、ほとんどの詰まりは解消できる（写4-8）。

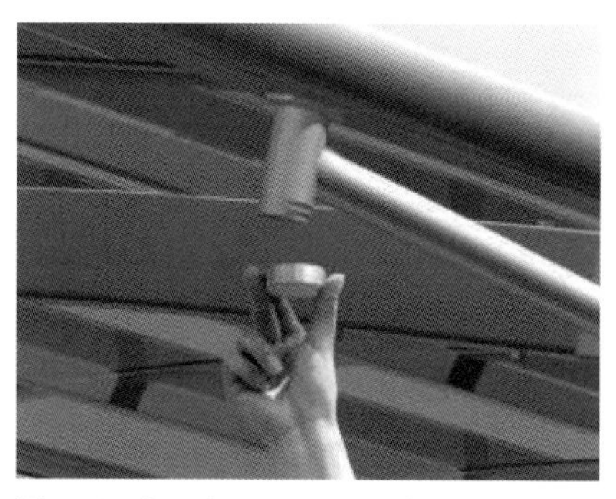

写4-8　カーポート・サイクルポートのドレンエルボーの手入れ

それ以外には、本体を揺すってみて、ぐらつき、異音、サビの有無などをチェックする。台風の通過後や、積雪などの後は特に注意する必要がある。

〈音鳴りは不具合ではない〉

カーポート・サイクルポートを設置した施主からの問合せで多いのが、音鳴りである。晴れた日に、カーポートから急に、「バキッ」と音が鳴ることがある。その原因は、日光により屋根材のポリカーボネートが温められることで膨張し、骨組みがその膨張を吸収するときに音が発生する。カーポート・サイクルポートは、こうした膨張吸収を配慮して製品設計されているので、音鳴りは性能上や強度上の問題ではない（写4-9）。

写4-9　カーポート・サイクルポートでは晴れた日に音が発生することがあるが、ポリカーボネートの膨張吸収のためであり、問題ない

4-3-2　テラス屋根・バルコニー屋根

カーポートと同じく、雨樋のキャップを外してゴ

ミを取り除く。特に2階、3階に取り付けている場合は、高所作業になるので細心の注意を払って作業を行う（写4-10、11）。

カーポートと同じく、テラス屋根・バルコニー屋根の屋根材も熱収縮による音鳴りが発生するが、性能上・強度上の問題ではない。

4-3-3　テラス囲い・ガーデンルーム

テラス屋根・バルコニー屋根と同じく、雨樋のキャップを外してゴミを取り除く。

テラス囲い・ガーデンルームは、屋根部分、囲い部分、床部分のそれぞれの部位ごとに点検・メンテナンスを行う。

屋根部分は、テラス屋根・バルコニー屋根と同じく、雨樋のキャップを外してゴミを取り除く。

囲い部分は、扉の開け閉めが正常にできるか、ガラスにひび割れが発生していないかなどを確認する。窓サッシは、建物と同じく年に数回、チリ・ホコリを取り除く清掃を行い、窓の開閉がスムーズにいかない場合は、シリコンスプレーなどを軽く塗布する。

床部分は、ひび割れ・傾きがなければ水拭きなどによる清掃でよい。先の尖ったもの、硬いもの、重たいものを落とすと破損する恐れがあるため、ガーデンルーム内には、大きな植木鉢や足の細いイスなどは持ち込まないようにする（写4-12）。

4-3-4　フェンス・スクリーン

フェンス・スクリーンは地面やブロックに固着しているため、定期的な洗浄を行うだけで、メンテナンスの必要はない。点検のタイミングとしては、台風などの強風が吹き荒れた次の日に、破損箇所やぐらつきがないかを確認する。

また、フェンスの柱には、水抜き用の穴がある。その穴にゴミが詰まっていないか見ておくことも重要である。メッシュフェンスにキャップが付いている場合は、中の鉄芯がむき出しにならないよう、キャップが外れていないか確認する（写4-13）。

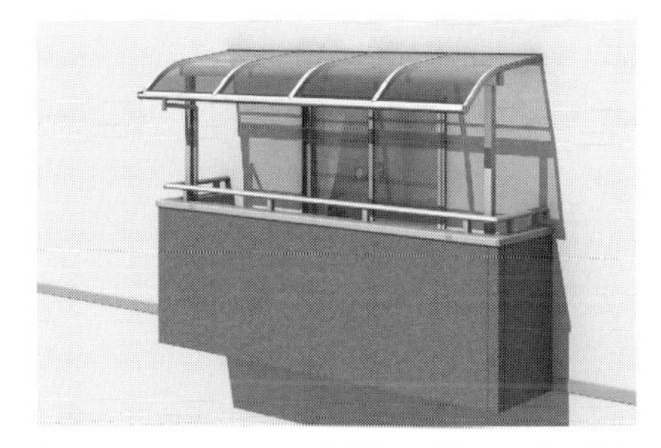

写4-10　バルコニー屋根の雨樋は、手の届きにくい場所にあるため注意して作業する

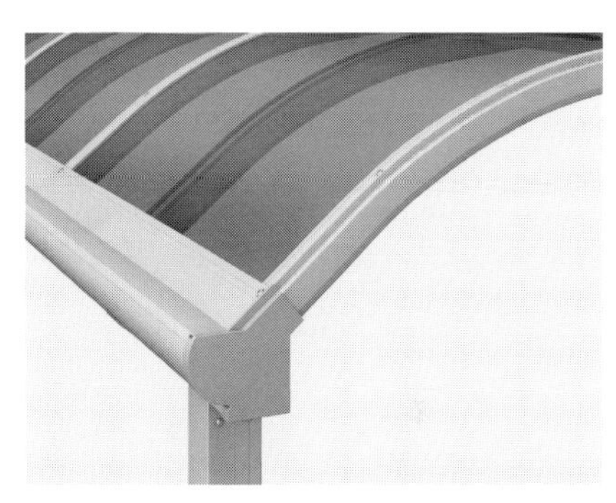

写4-11　テラス屋根・バルコニー屋根のメンテナンスは高所作業になるので注意が必要

写4-12　ガーデンルームは屋根や床下も異常がないか確認を行う

写4-13　フェンス・スクリーンの柱の水抜き穴は塞がない

4-3-5　ウッドデッキ・樹脂木

泥汚れ、コーヒーやジュースなどの染みによるウッドデッキの汚れは、中性洗剤で洗い流す。タバコの火、バーベキューの時の火などによる焦げ、大きな傷は、サンドペーパーで表面をなぞることで、傷が目立ちにくくなる（写 4-14、15）。

ウッドデッキの上にアルミ缶やスチール缶を放置したままにすると、輪染みやサビが移るので注意する。また、殺虫剤・化学肥料などの化学製品は、変色や変形の原因になる可能性がある。ウッドデッキの上や近くでは、殺虫剤を使用しないように心がける。

写 4-14　ウッドデッキ・樹脂木についた染み

写 4-15　ウッドデッキ・樹脂木は定期的なメンテナンスが必要

4-3-6　カーゲート

〈伸縮タイプ〉

伸縮タイプのカーゲートは、落とし棒受けの清掃を忘れがちになる。駐車場にはチリやホコリがどうしても集まってしまうので、そのゴミが落とし棒受けの中に溜まると、落とし棒としての機能が働かないことになりかねない。メンテナンスとしては、割りばしなどで定期的に清掃する。

また、キャスターの足元のナットが緩んでいることもある。伸縮ゲートは、キャスターが破損することが多いため、ナットを締め直すだけで寿命が長くなる（写 4-16）。

写 4-16　伸縮タイプのカーゲートの動きが悪いときは、ビスの緩みを確認

〈跳ね上げタイプ〉

跳ね上げタイプのカーゲートには、地面と接触するストッパーが付いている。使用するうちに少しずつ緩み、水平が保てなくなっているケースもあるので、必ずゲートの扉が水平になるよう 1 年に 1 回はチェックしておく（写 4-17）。

写 4-17　跳ね上げタイプのカーゲートが水平でない場合、ストッパーの調整を

4-3-7　門扉

門扉も落とし棒受けのゴミ掃除が欠かせない。開閉時に鍵が引っ掛かる場合は、錠前専用の潤滑油か、鍵部分を鉛筆でなぞってメンテナンスを行う（写 4-18）。

毎日、家族全員が開閉する門扉は、長年使用していると下がってくることがある。門扉が下がってくることで、開閉時に異音がしたり、門扉自体が擦れて傷が入る。破損を防ぎ、耐用年数を延ばすためには、門扉の吊元部分のヒンジの調整ネジで扉の傾きを修正して、水平垂直に保つことが重要である。

4-3-8　水栓柱

水栓柱に関しては、氷点下４度以下になると水道管の中の水が凍るため、膨張した水が水道管を破損させることもある。氷点下４度以下が想定されるときには、タオルなどを巻いて保温する。もしくは、ほんの少しの水を出し続けることで凍結が予防でき、破損を防ぐことができる（写 4-19）。

4-3-9　物置・屋外収納庫

物置は屋外にずっと置いているので、ビスの部分にサビが発生しやすい。自転車を近くに置く場合、よくスタンドを当ててしまい、その傷部分からサビが発生しているケースがある。サビが発生している場合は、メーカー純正の塗料でメンテナンスをする。もしくは、自動車用品の補修塗料で代用することも可能である。

土の上に設置している物置で、基礎ブロックが沈んでしまっているケースがある。その場合は、物置自体が傾いていないか、地面にブロックがめり込んでいないかを確認する（写 4-20）。

4-3-10　オーニング・日除け

壁付け収納式のオーニングは、キャンバスを規定以上に出さないこと。ストップの位置以上に出してしまうと、元に収納できなくなることもある。特に、小さな子供が操作する際には、十分に注意する（写 4-21）。

また、雨に濡れてしまったままキャンバスを収納すると、カビや染みの原因になるので、天気がよい日にキャンバスを出し、乾かしてから収納するようにする。キャンバスにたるみ・歪みが発生している場合はそのまま使用せず、取り付けた工事業者などに点検を依頼する。

写 4-18　門扉の鍵には専用の潤滑油を使う

写 4-19　水栓柱の凍結防止は、タオルを巻くことでも効果がある

写 4-20　物置では、ドアの建付けが悪いときも水平を確認する

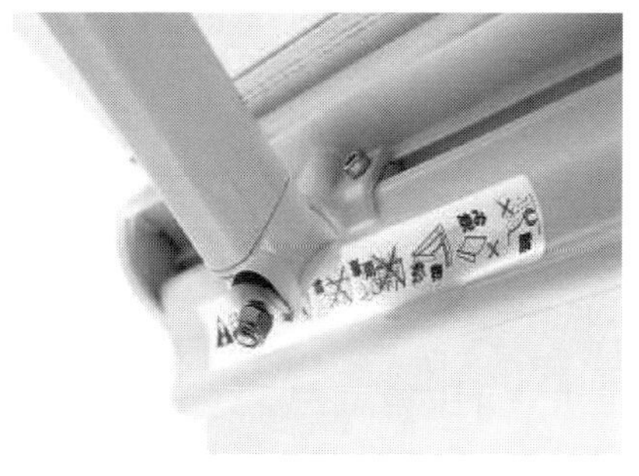

写 4-21　オーニングは、ストップマーク以上は出さない

4-3-11　ポスト・郵便受け

ポストは、ウッドデッキ・カーポートなどに比べると使用頻度も高く、壊れるリスクが高いので、乱暴にせず、大切に取り扱う。ポストの中に水の浸入がないか、開閉に違和感がないかを確認し、ひずみや開閉がスムーズにいかない場合は、清掃・調整を行う（写 4-22）。

写 4-22　ポストや郵便受けにひずみなどがある場合は清掃・点検を行う

4-3-12　シャッター

シャッターの不具合は、スラット部分で発生することがほとんどである。柱部分にあるシャッターレール溝にホコリなどが溜まり、開閉がしづらくなることがある。その場合は、ホコリなどをしっかりと掃除し、潤滑油を使ったメンテナンスを行う。また、通常の場合も、1 年に 1 ～ 2 回を目安に、メンテナンスを行う（写 4-23）。

また、電動シャッターの場合は、センサー部分に落ち葉、蜘蛛の巣などが付着して誤感知されるケースがあるため、定期的にメンテナンスを行う。日常的に使用する中で、開閉時の異音や引っ掛かり、ずれや変形があるまま使うと不具合が悪化する場合があるため、点検・修理を業者に依頼する。

写 4-23　シャッターの不具合はスラット部分で発生することが多い。柱レールの溝は年に 1 ～ 2 回のメンテナンスを行う

4-3-13　照明

点灯している場合でも定期的に、照明器具内に水の浸入･結露や、虫などの異物がないかを確認する。水が入っている場合や、点灯しない場合は、点検・修理を業者に依頼する（写 4-24）。

また、フットライトなどの地面に近く、足元に設置する照明は、器具が蹴られてしまうような動線上の設置を避けて配置する。

写 4-24　照明の不具合は、早めの点検を専門業者に依頼する

エクステリア製品の
建築面積計算方法に関する調査

カーポート屋根、自転車置き場屋根、テラス屋根、ガーデンルーム

参考：アルミニウム構造物のエクステリア製品に関連する法令

1　アルミニウム構造物エクステリア製品の法的現状

アルミニウム合金造の建築物に関する構造安全上の基準は、2002（平成14）年の国土交通省告示第408号、第409号、第410号（アルミニウム合金造の建築物又は建築物の構造部分の構造方法に関する安全上必要な技術的基準を定める件）で示され、それ以降は同技術的基準をクリアしたカーポートなどが建築確認申請対象の製品として開発されてきている。

さらに、2021（令和3）年の国土交通省告示第749号、750号により、アルミニウム合金造の建築物や建築物の構造部分の構造基準および審査について合理化が図られた。

○令和3年国土交通省告示第750号【令和3年6月30日公布・施行】
アルミニウム合金造の建築物又は建築物の構造部分の構造方法に関する安全上必要な技術的基準を定める件（平成14年国土交通省告示第410号）の一部を改正する件

○令和3年国土交通省告示第749号【令和3年6月30日公布・施行】
建築基準法施行令第十条第三号ロ及び第四号ロの国土交通大臣の指定する基準を定める件（平成19年国土交通省告示第1119号）の一部を改正する件

上記の2つの告示によって、アルミニウム合金造の小規模建築物（カーポートなど）の確認申請手続きが大幅に緩和されることになった。主な改正内容は次のとおり。

●構造計算が不要となるアルミニウム合金造の建築物の延べ面積を、50m^{2}以下から200m^{2}以下に引き上げ（令和3年国土交通省告示第750号）。

●構造計算により安全性が確かめられた場合は、アルミニウム合金造の建築物の埋込み形式柱脚に係る仕様規定を適用しない（令和3年国土交通省告示第750号）。

●建築士が設計に関与した4号建築物（建築基準法第6条第1項第4号に掲げる建築物）の建築確認において審査が省略される規定に、アルミニウム合金造の仕様規定（平成14年国土交通省告示第410号第1から第8まで）を追加（令和3年国土交通省告示第749号）。

その一方で、この告示により、アルミニウム合金造の車庫屋根・テラス屋根などの行政機関による指導が厳格に行われるようになってきた。自らパトロールを行い、違法に施工された物件に対する指導を直接行っているところもある。

住宅メーカーなどでは告示の施行後、建築基準法が定める建蔽率・容積率などの規定を満たさないアルミニウム構造物の車庫屋根・テラス屋根の取付け工事を受注しないという社内規則が厳格に守られるようになっている。さらに、建築基準法に基づく建築物の完了検査後は、エクステリア工事を施工した協力業者や、協力業者に関連する業者によるカーポート屋根・テラス屋根などの施工（後日契約）を禁止している住宅メーカーがほとんどであるという状況だ。

一方、アルミニウム構造物のエクステリア製品を取り扱う事業者は当然、法令遵守を徹底しなければならないが、法令を完全に理解しているとはいいがたい状況にあるといえる。

2　行政機関に対する建築面積計算方法の調査の意義

アルミニウム合金造の車庫屋根・テラス屋根などを新築建物に付帯する構造物として建築確認申請を行う場合、建蔽率・容積率を守らなければならない。その場合、建築面積計算については、建物の軒や出窓などと同様に建築面積緩和措置を受けることができる。従って、エクステリア関連業者は、住宅に付帯するアルミニウム合金造カーポート屋根・テラス屋根の建築面積緩和による「建築面積計算方法」がどのようなものかを理解しておく必要がある。

特に近年は、アルミニウム合金造の車庫屋根・テラス屋根などの形状も、古くからある片流れ屋根、4本柱の屋根、建物躯体に直接取り付けるテラス屋根とは異なった形状の製品も増えてきているので、建築面積計算方法を正確に理解しておく必要がある。

しかし現状では、行政機関により異なる指導が行われているように感じられる。

本来は、建築基準法、建築基準法施行令、国土交通省告示などに基づく建築面積計算方法が同一でなければならない。そこで、本学会では、現在適用されている建築面積計算方法の目安を示すことが、エクステリア業界における法令遵守の一助となると考え、様々な形状の製品の建築面積計算方法について行政機関に調査を行った。

3　調査方法と調査範囲

建築確認申請を行う土地には、都市計画法の用途地域区分（住居地域・商業地域・工業地域など）、防火地域の区分の違い、民法上の制限、自治体の風致条例など、規制の対象となる法令がいくつもある。また、車庫屋根・テラス屋根などを取り付ける敷地内の配置や、屋根材の仕様の違いによって、物件ごとに指導内容が異なってくる。そこで、建築面積計算方法においては、施工場所の条件として次の内容を共通項目としている。

【調査における共通項目】

- 第1種住居地域　　●防火・準防火地域外
- 風致地区外　　　　●民法による隣地からの距離を考慮しない

調査内容は、一般的事例として住居地域で取り扱うことの多い、カーポート屋根、自転車置き場屋根、テラス屋根、サンルームなど9事例について、建築面積計算方法、緩和措置による建築面積計算方法の考え方とした。

具体的には、調査用紙に各調査項目の平面図とパースおよび建築面積計算方法を示し、その計算が正しいかについてYES・NOで回答してもらい、NOの場合は、どこが間違っているのか記入してもらう方法で調査を行った。

調査対象は、全国的な調査を行う前に、近畿2府4県の府庁と県庁、県庁所在地の市および訪問可能な市などの自治体の建築指導課（行政機関により名称が異なる）とし、直接訪問して調査の趣旨について説明を行い、メールおよびFAXにて回答を得た。

その後、近畿2府4県を除く県庁と、県庁所在地の市の建築指導課に対して、メールにて調査用紙を送付し、メールでの回答を依頼した（メールアドレスが分かるものを対象とした）。

調査時期は、2022年12月初旬までに直接訪問（近畿2府4県）と、メールで56行政機関に調査依頼を行い、25の行政機関から回答を得た。

4　調査結果と内容分析

建築面積計算方法について尋ねた9事例についての調査票の計算方法とYES・NOの回答結果、および、行政機関から回答のあった別の計算方法は次の通り。

4-1　片柱車庫屋根

【判定】調査票の建築面積計算が正しい　YES　18　　　NO　7

【解説】概ね調査標の建築面積の計算方法を是とする行政機関が多かったが、別回答 A、B のような計算方法を示す行政機関があった。

●別回答 A……柱と柱の間を全て建築面積として計算。

●別回答 B……柱位置とは無関係に 4 方向から 1 m の範囲を緩和面積として計算。

調査標の建築面積計算（平面図の数値は mm 単位、計算式の単位は m 単位）

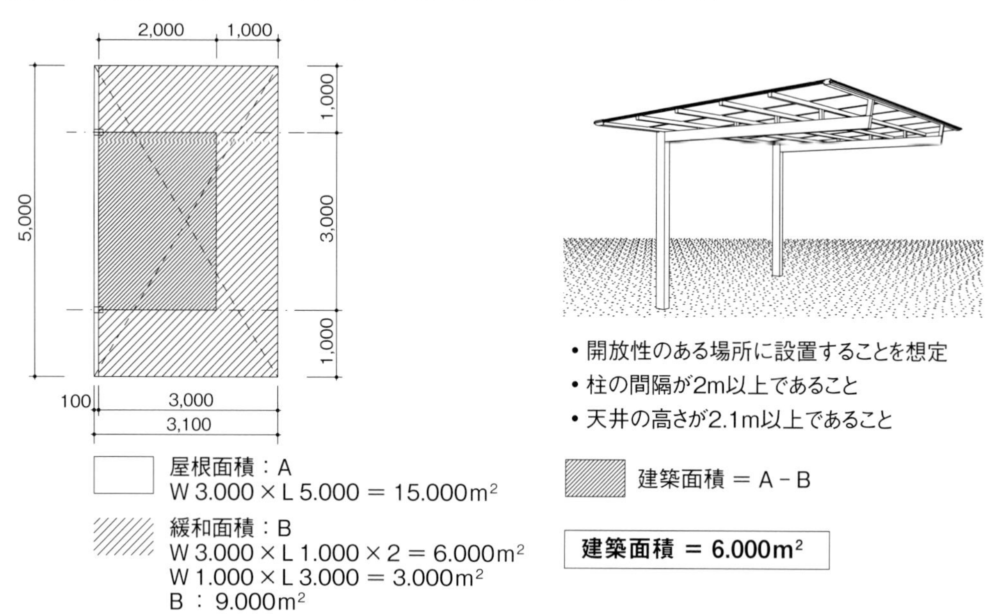

別回答 A

5,000　1,000　3,000　1,000

100　3,000　3,100

屋根面積：A

W 3.000 × L 5.000 ＝ 15.000m²

緩和面積：B

W 3.000 × L 1.000 × 2 ＝ 6.000m²

建築面積 ＝ A − B

建築面積 ＝ 9.000m²

別回答 B

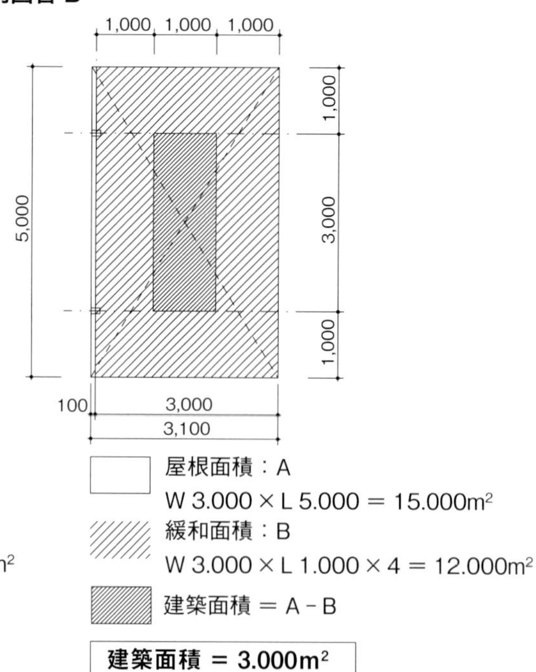

4-2　4本柱車庫屋根

【判定】調査票の建築面積計算が正しい　YES　18　　　NO　7

【解説】概ね調査標の建築面積の計算方法を是とする行政機関が多かったが、別回答Aのような計算方法を示す行政機関があった。

●別回答A……柱の位置とは無関係に4方向ともに、1mの範囲を緩和面積として計算。

調査標の建築面積計算（平面図の数値はmm単位、計算式の単位はm単位）

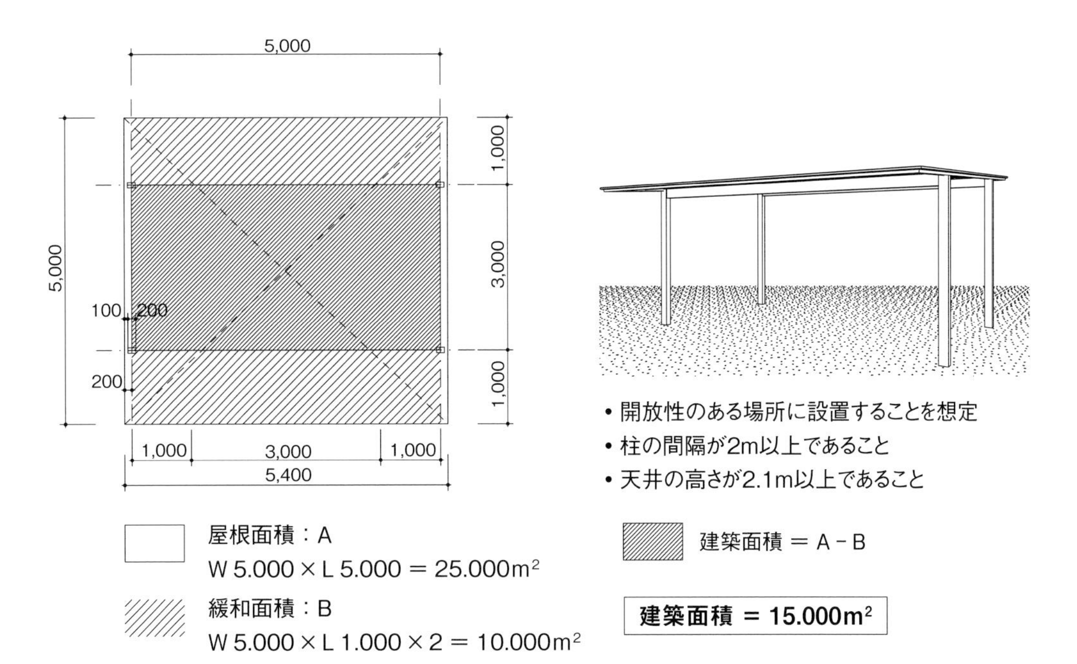

別回答A

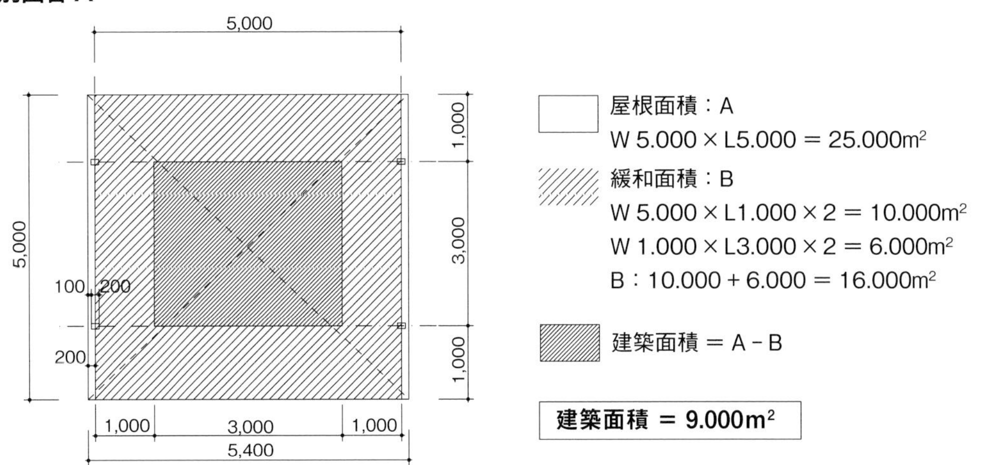

4-3　吊下げ型車庫屋根

【判定】調査票の建築面積計算が正しい　YES　18　　　NO　7

【解説】概ね調査標の建築面積の計算方法を是とする行政機関が多かったが、別回答Ａのような計算方法を示す行政機関があった。

●別回答 A……柱後部１ｍと軒先から１ｍの範囲を緩和面積として計算。

調査標の建築面積計算（平面図の数値は mm 単位、計算式の単位は m 単位）

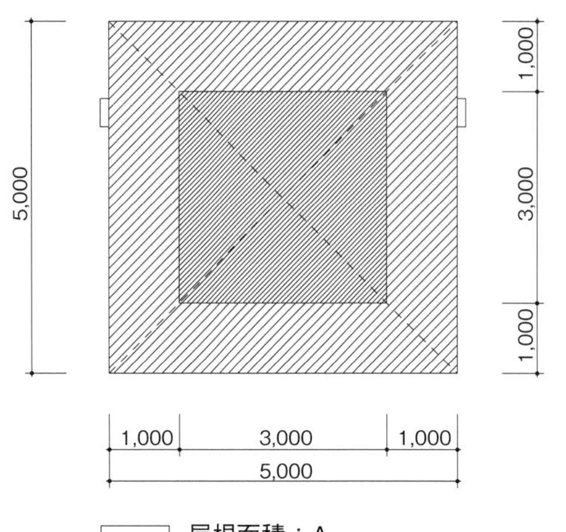

• 開放性のある場所に設置することを想定
• 柱の間隔が2m以上であること
• 天井の高さが2.1m以上であること

屋根面積：A
W 5.000 × L 5.000 ＝ 25.000m²

緩和面積：B
W 5.000 × L 1.000 × 2 ＝ 10.000m²
W 1.000 × L 3.000 × 2 ＝ 6.000m²
B：10.000 + 6.000 ＝ 16.000m²

建築面積 ＝ A − B

建築面積 ＝ 9.000m²

別回答 A

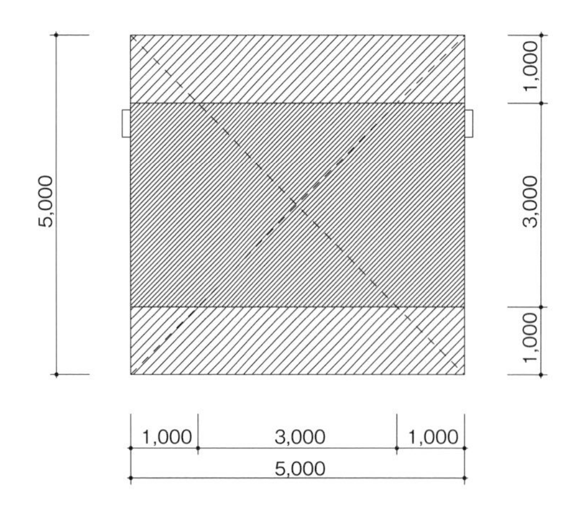

屋根面積：A
W 5.000 × L 5.000 ＝ 25.000m²

緩和面積：B
W 5.000 × L 1.000 × 2 ＝ 10.000m²

建築面積 ＝ A − B

建築面積 ＝ 15.000m²

4-4　4方囲い車庫屋根

【判定】調査票の建築面積計算が正しい　YES　25　　　NO　0

【解説】回答を得た全ての行政機関が調査票の建築面積計算方法を是とした。

調査標の建築面積計算（平面図の数値は mm 単位、計算式の単位は m 単位）

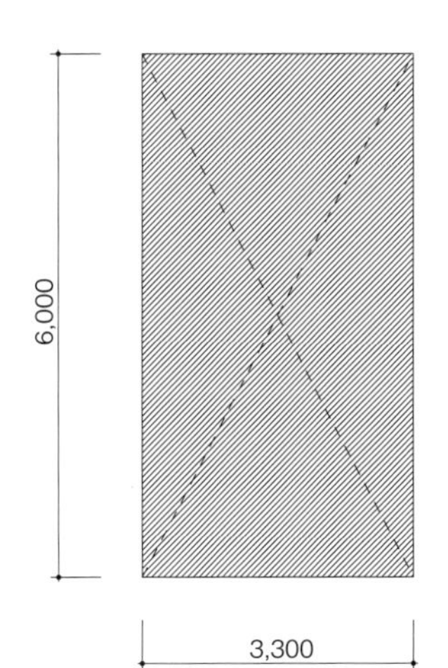

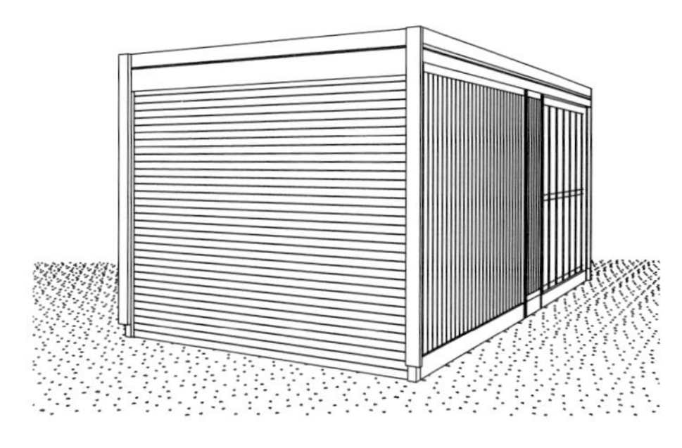

※図上の寸法は壁芯寸法として算出

屋根面積：A
W 3.300 × L 6.000 ＝ 19.800m²

緩和面積：B
なし

建築面積 ＝ A

建築面積 ＝ 19.800m²

4-5　片柱自転車置き場屋根

【判定】調査票の建築面積計算が正しい　YES　18　　　NO　7

【解説】概ね調査標の建築面積の計算方法を是とする行政機関が多かったが、別回答Ａのような計算方法を示す行政機関があった。

●別回答 A……軒先側から１ｍ、柱側から１ｍの範囲を緩和面積として計算。

調査標の建築面積計算（平面図の数値は mm 単位、計算式の単位は m 単位）

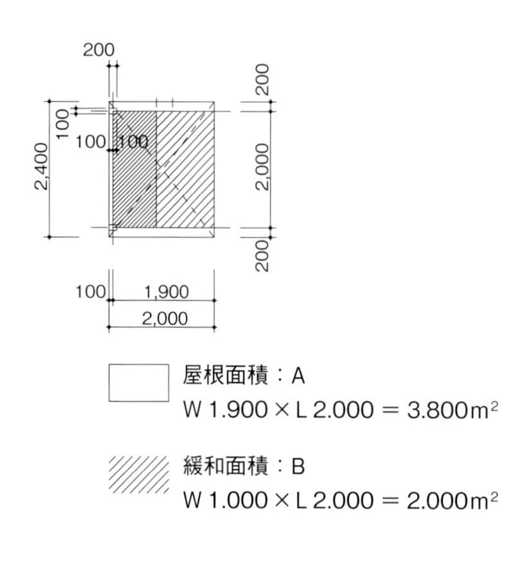

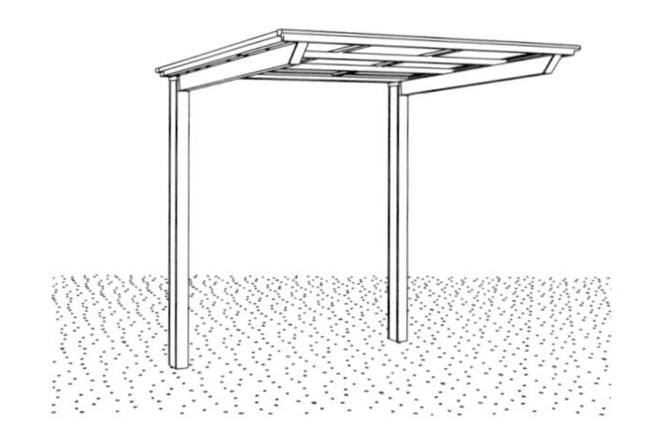

• 開放性のある場所に設置することを想定
• 柱の間隔が2m以上であること
• 天井の高さが2.1m以上であること

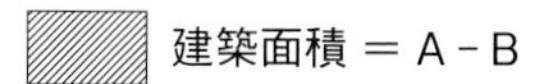

建築面積 ＝ 1.800m²

別回答 A

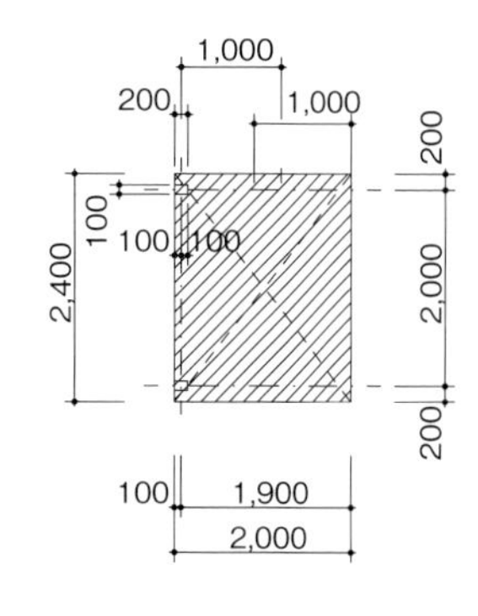

屋根面積：A
W 1.900 × L 2.000 ＝ 3.800m²

緩和面積：B
W 2.000 × L 2.000 × 2 ＝ 4.000m²

建築面積 ＝ A－B

建築面積 ＝ 0.000m²

4-6　アルミテラス屋根（片柱・壁付けタイプ）

【判定】調査票の建築面積計算が正しい　YES　24　　　NO　1

【解説】回答を得たほとんどの行政機関が調査票の建築面積計算方法を是とした。

調査標の建築面積計算（平面図の数値は mm 単位、計算式の単位は m 単位）

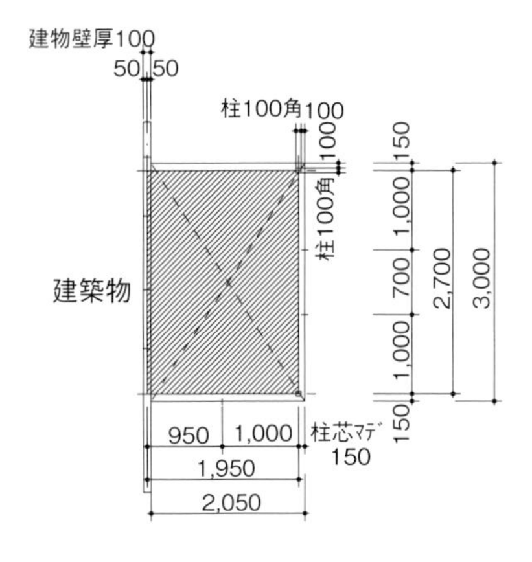

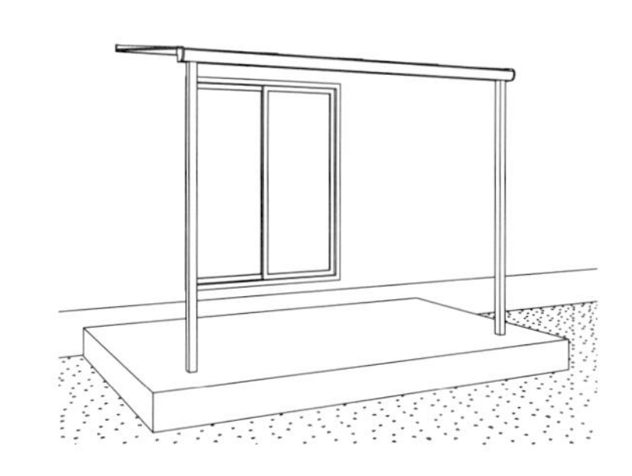

屋根面積：A
W 1.950 × L 2.700 ＝ 5.265m²

緩和面積：B
なし

- 柱の間隔が2m以上であること
- 天井の高さが2.1m以上であること

建築面積 ＝ A－B

建築面積 ＝ 5.265m²

4-7　アルミテラス屋根（片柱・独立フレームタイプ）

【判定】調査票の建築面積計算が正しい　YES　19　　　NO　6

【解説】概ね調査標の建築面積の計算方法を是とする行政機関が多かったが、別回答 A のような計算方法を示す行政機関があった。

●別回答 A……軒先側から１ｍの範囲を緩和面積として計算。

調査標の建築面積計算（平面図の数値は mm 単位、計算式の単位は m 単位）

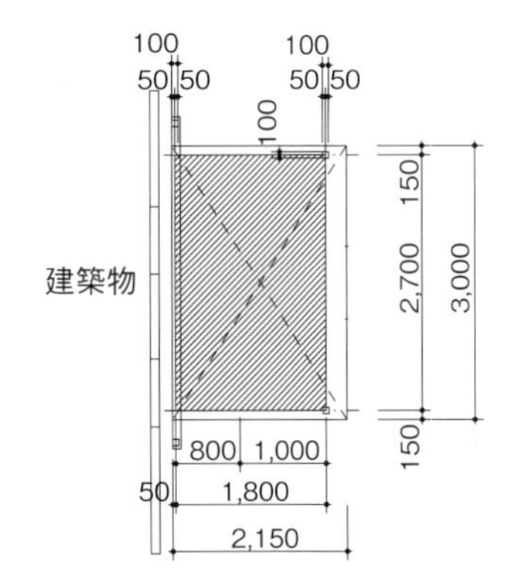

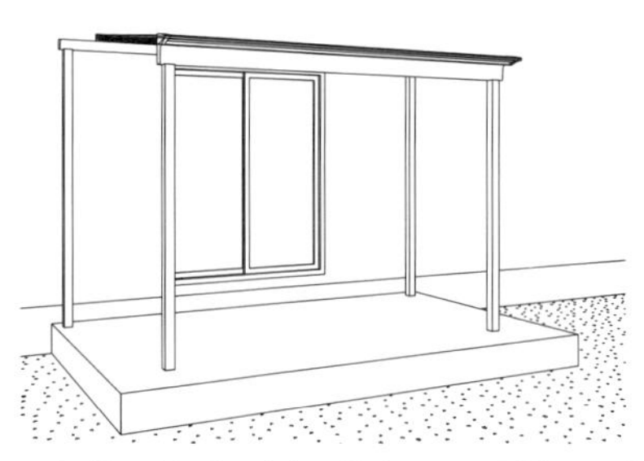

※屋根は建築物と完全に独立しており別棟として算出

- 間口の柱の間隔が2m以上であること
- 出幅の柱間隔2m以下
- 天井の高さが2.1m以上であること

屋根面積：A
W 1.800 × L2.700 ＝ 4.860m²

緩和面積：B
なし

建築面積 ＝ A－B

建築面積 ＝ 4.860m²

別回答 A

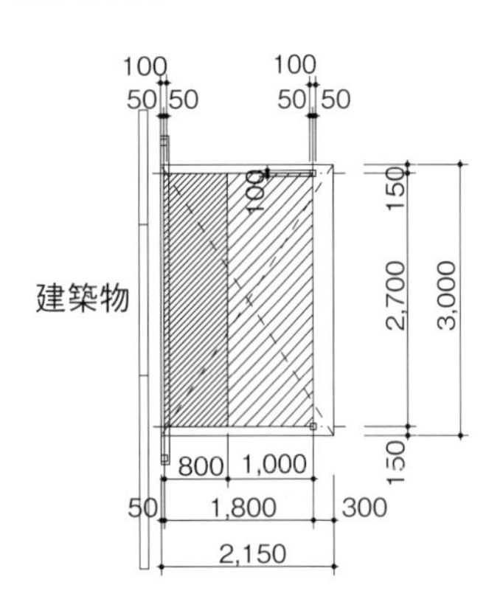

屋根面積：A
W 1.800 × L 2.700 ＝ 4.860m²

緩和面積：B
W 1.000 × L 2.700 ＝ 2.700m²

建築面積 ＝ A－B

建築面積 ＝ 2.160m²

4-8　アルミテラス屋根（片柱・独立柱タイプ）

【判定】調査票の建築面積計算が正しい　YES　19　　　NO　6

【解説】調査標の建築面積の計算方法を是とする行政機関が多かった。「完全に独立はしているが、建築物に近接しているため連続した工作物として計算します」との解説を得た行政機関もあった。また、別回答Aのような計算方法を示す行政機関があった。

●別回答 A……軒先側１m、側面側１mを緩和面積として計算。

調査標の建築面積計算（平面図の数値は mm 単位、計算式の単位は m 単位）

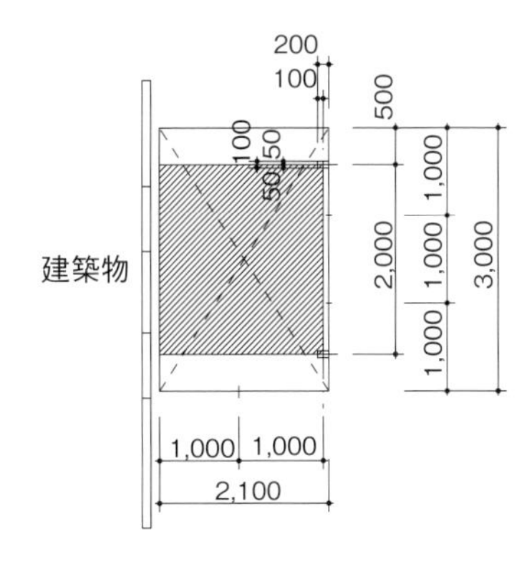

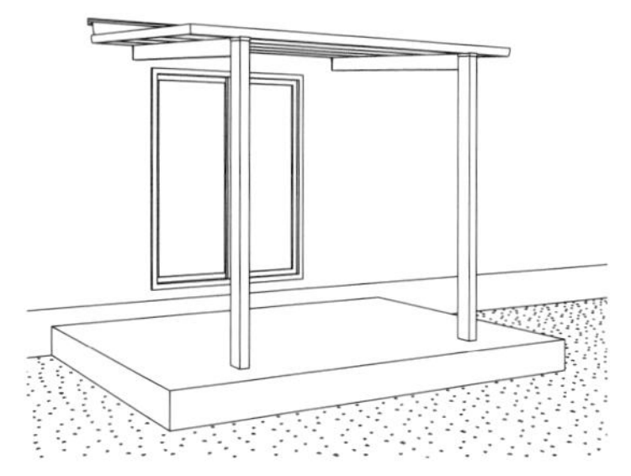

※屋根は建築物と完全に独立しており別棟として算出

• 柱の間隔が2m以上であること
• 天井の高さが2.1m以上であること

屋根面積：A
W2.000 × L2.000 ＝ 4.000m²

緩和面積：B
な し

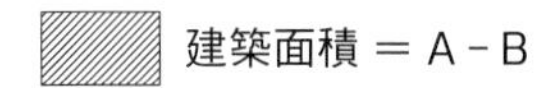

建築面積 ＝ 4.000m²

別回答 A

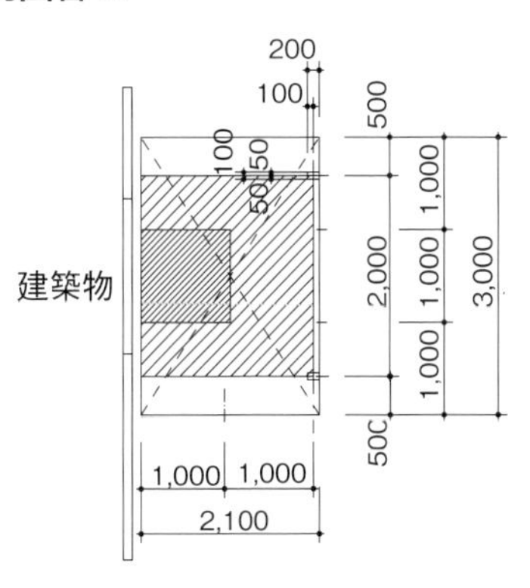

屋根面積：A
W 2.000 × L 2.000 ＝ 4.000m²

緩和面積：B
W 0.500 × L 1.000 × 2 ＝ 1.000m²
W 1.000 × L 2.000 ＝ 2.000m²
B：1.000＋2.000 ＝ 3.000m²

建築面積 ＝ A－B

建築面積 ＝ 1.000m²

4-9　ガーデンルーム（3面囲い製品）

【判定】調査票の建築面積計算が正しい　YES　25　　　NO　0

【解説】回答を得た全ての行政機関が調査標の建築面積の計算方法を是とした。

調査標の建築面積計算（平面図の数値は mm 単位、計算式の単位は m 単位）

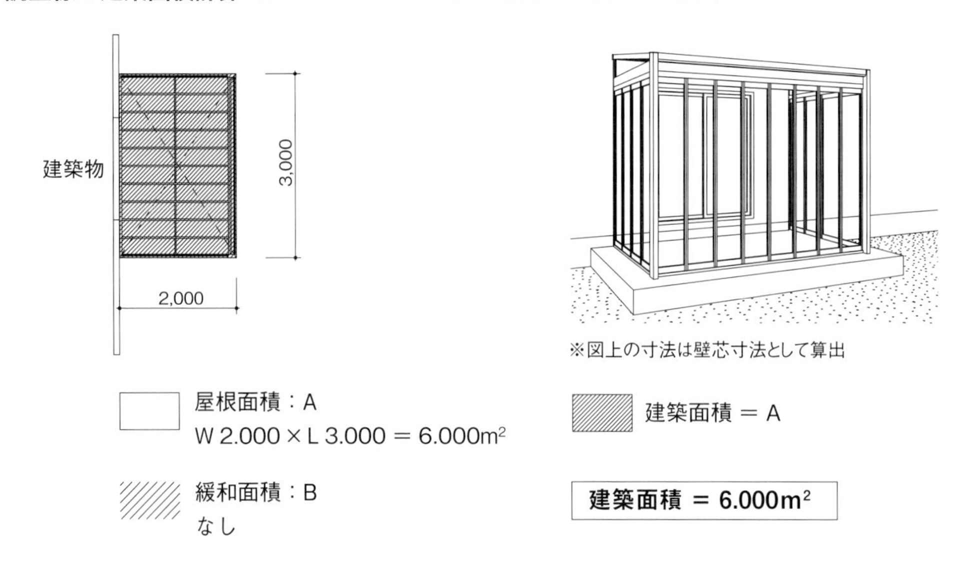

5　調査結果の分析

「4-4　4方囲い車庫屋根」「4-6　アルミテラス屋根（片柱・壁付タイプ）」「4-9　ガーデンルーム（3面囲い製品）」の調査項目以外では、行政機関ごとに回答が異なる結果となった。

調査を行う中、訪問した多くの行政機関では、下記の書籍の内容に基づき指導を行っていた。また、回答の説明文に同書籍の抜粋ページを添付していた行政機関もあった。

●『建築確認のための基準総則・集団規定の適用事例』
　日本建築行政会議編集、建築行政情報センター発行

●『近畿建築行政会議　建築基準法　共通取扱い集』
　近畿建築行政会議編集、建築行政情報センター発行

本調査により、行政機関ごとに建築面積緩和の計算方法が一部で異なることが分かった。さらに、いくつかの建築面積計算方法があることも示すことができたと思う。

また、片柱車庫屋根や4本柱車庫屋根など古くからある製品以外の製品において、行政機関によって実施されている建築面積緩和の計算方法を示すこともできた。

実際の物件においては、用途地域、防火準防火地域、建物との配置関係などの条件が変わることにより計算方法が異なるので、物件ごとに行政機関に相談することが必要となるだろう。また、同一の行政機関においても担当者により異なった計算方法が取られる可能性もないとは言えないので、慎重に行いたい。

6　増築時の建築面積の計算

今回の調査は、建築確認申請時にアルミニウム合金造の車庫屋根・テラス屋根などを同時に申請した場合の建築面積緩和の面積計算方法を示した。

一方、アルミニウム合金造の車庫屋根・テラス屋根などを増築物（建物建築後）として建築確認申請する場合は、まったく異なった計算方法となる。施工する屋根の水平投影面積すべてが対象面積（床面積）となり、$10m^2$ 以上の物は建築確認申請の対象となる。防火地域および準防火地域は $10m^2$ 以内でも建築確認申請が必要である。

建蔽率・容積率を超えないか、建物との距離が適正か、屋根材の防火性能などを十分に検討し、確認するよう、建築設計事務所に建築確認申請業務を依頼するのが最も安全な方法だろう。

片柱車庫屋根増設時

（平面図の数値は mm 単位、計算式の単位は m 単位）

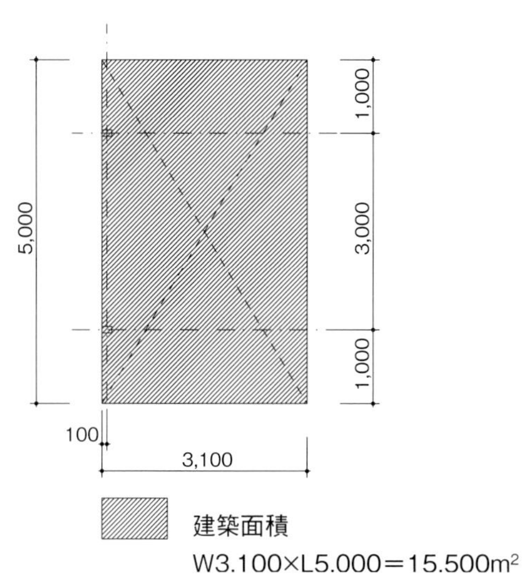

4 本柱車庫屋根増設時

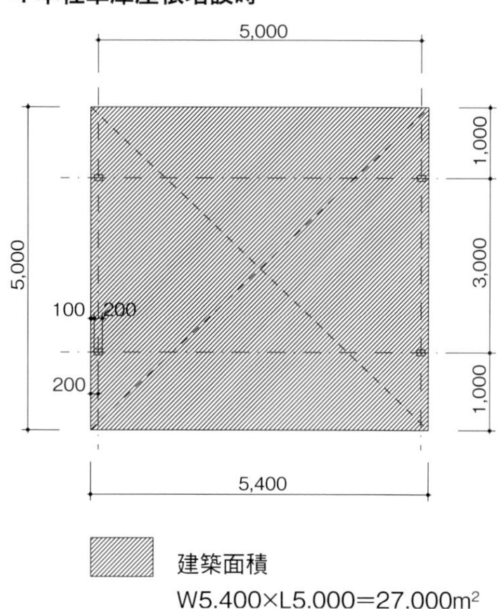

注意　建築基準法第 92 条、建築基準法施行令第 2 条第 1 項第二号、平成5年建設省告示第 1437 号（次項の「アルミニウム構造物のエクステリア製品に関する法令」に詳細を記載）に準拠して緩和面積計算する行政機関もある

調査にご協力頂いた行政機関

今回の調査にあたり、直接訪問、または、メールでの調査にご回答いただきました次の行政機関のご担当者に深く御礼を申し上げます。たいへんお忙しい中、詳細な計算・図示をいただき、本当にありがとうございました。

府県……宮城県、福島県、石川県、三重県、滋賀県、大阪府、兵庫県、和歌山県、山口県、高知県、長崎県　宮崎県

市………盛岡市、山形市、静岡市、富山市、名古屋市、津市、京都市、奈良市、西宮市、芦屋市、松江市、宮崎市、倉吉市

直接訪問した行政機関によっては、個別物件についてのみ対応しており、今回の調査には回答しかねるという行政機関もありました。メールによる調査において回答いただけなかった行政機関の中には同様の理由があるかと思われます。

参考：アルミニウム構造物のエクステリア製品に関連する法令

（法律および法令等の条文は一部抜粋および簡略化して記載）

建築基準法　第２条（用語の定義）

一　建築物　土地に定着する工作物のうち、屋根及び柱若しくは壁を有するもの（これらに類する構造のものを含む）、これに附属する門若しくは塀、観覧のための工作物又は地下若しくは高架の工作物内に設ける事務所、店舗、倉庫その他これらに類する施設をいい、建築設備を含むものとする

建築基準法第６条第２項

前項の規定は、防火地域及び準防火地域において建築物を増築し、改築し、又は移転しようとする場合で、その増築、改築又は移転に係る部分の床面積の合計が十平方メートル以内であるときについては、適用しない。

※第１項では建築物を建築（増築を含む）しようとする場合、建築確認申請が必要という内容となっている。

建築基準法第22条

（要約）　防火地域及び準防火地域内の建物で、不燃性の物品を保管する倉庫に類するものや簡易な構造の建築物に該当する建物の屋根に使用できる防火性能の高い屋根パネルに使用規制がある。

カーポート（簡易自動車用車庫）	防火地域・準防火地域・22条区域	
	延焼のおそれのある部分	
	床面積30m^{2}以下の場合	床面積30m^{2}を超える場合
ポリカーボネート板	○	×
熱線吸収ポリカーボネート板	○	×
熱線遮断ポリカーボネート板	○	×
熱線遮断FRP板DRタイプ（かすみ調）	○	○
アルミ板	○	○
ガルバリウム鋼板（不燃ペフ付）	○	○
ガルバリウム鋼板（不燃NM-8697）	○	○

○……使用可　×……使用不可

※防火性能に関する屋根パネルの仕様規制床面積（150m^{2}未満の場合）

※各自治体の建築主事の判断により見解が異なる場合があるので確認する　（三協立山HPより）

建築基準法　第53条（建蔽率）

（エクステリアに関わる内容の概略）

面積計算方法は各自治体（行政機関）や検査機関等によっても異なるので、該当敷地の自治体等に必ず確認することが必要である。

建築基準法第54条（第一種低層住宅専用地域等内における外壁の後退距離）

（エクステリアに関わる内容の概略）

緩和規定の算定方法は各自治体（行政機関）や検査機関等によっても異なるので、該当敷地の自治体等に必ず確認することが必要である。

建築基準法第 92 条、建築基準法施行令第 2 条第 1 項第 2 号、
平成 5 年建設省告示第 1437 号　高い開放性を有する建築物の面積

下記の要件のすべてを満たし、高い開放性を有すると認められる建築物、又はその部分について、その端から１m以内の水平投影面積は、建築面積に算入しない。

（1）外壁を有しない部分が連続して４m以上であること。
（2）柱の間隔が２m以上であること。
（3）天井の高さが 2.1 m以上であること。
（4）地階を除く階数が１であること。

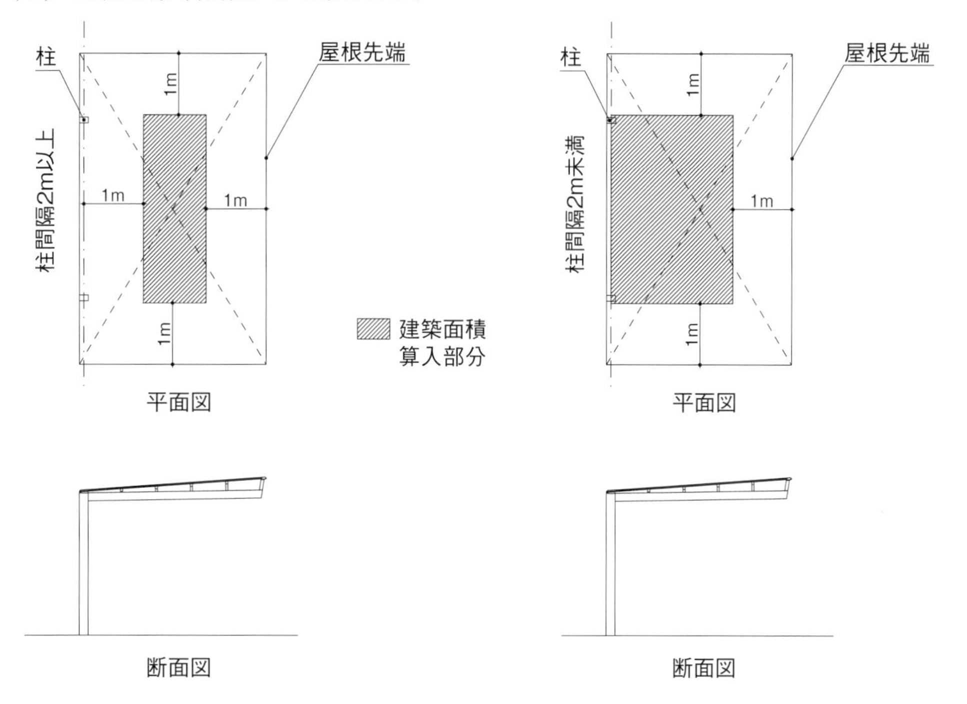

民法第 234 条

1. 建物を築造するには、境界線から 50cm 以上の距離を保たなければならない。
2. 前項の規定に違反して建築をしようとする者があるときは、隣地の所有者は、その建築を中止させ、又は変更させることができる。ただし、建築に着手した時から１年を経過し、又はその建物が完成した後は、損害賠償の請求のみをすることができる。

民法 236 条

前２条の規定と異なる慣習があるときは、その慣習に従う。

自治体の定める「風致条例」

風致地区内で車庫屋根やテラス屋根を設置する場合、隣地境界や道路境界からの後退距離を定めている場合もあるので、確認をする必要がある。

引用・参考文献および資料
「エクステリアの安全施工ガイド」全国エクステリア工業会、1997
『建設物価』建設物価調査会
岡田光正『空間デザインの原点』理工学社、1993
日本エクステリア工業会技能検定委員会編「バルコニー施工技能検定ガイドブック」一般社団法人日本エクステリア工業会、2013
日本電気協会需要設備専門部会『内線規程（JEAC8001-2022）』一般社団法人日本電気協会、2022
藤山宏『住宅エクステリアの100ポイント』学芸出版社、2007（1-1-1 1960～1970年代 エクステリア製品や専業業者の登場以前［p.10］から1-1-5 2000～2010年代 製品・資材の多様化［p.14］まで）
増子昇「腐食の速度論」『金属表面技術』29巻、12号）表面技術協会、1978
吉村泰治『図解よくわかる金属加工』日刊工業新聞社、2021
「三協マテリアルカタログ」三協マテリアル社
「三協アルミエクステリアカタログ」三協アルミ社

引用・参考文献および資料（WEBサイト）
合成樹脂製可とう電線管工業会　http://www.pf-cd.gr.jp
照明学会　https://www.ieij.or.jp
日本照明工業会　https://www.jlma.or.jp
岩崎電気株式会社　https://www.iwasaki.co.jp/
日本産業標準調査会　https://www.jisc.go.jp
旭化成エンジニアリングプラチック総合情報サイト　https://www.asahi-kasei-plastics.com
小西鋼材　https://www.kouzai-net.com
DNPエリオ　https://www.dnp.co.jp/group/dnp-ellio/
道路占用制度（国土交通省）　https://www.mlit.go.jp/road/senyo/01.html
*その他、引用・参考文献および資料は該当キャプションにも記載

写真・図版提供
第1章
協和通商パーチェフル（p.15上写真2点）
第2章
三協アルミ社
（写2-1～27、29～47、49～56、58、62、64、65）
稲葉製作所（写2-28）
四国化成建材（写2-48、57、60、61、63）
LIXIL（写2-59）
パナソニック（写2-66～75、77、図2-6、7、10、11）
ユニソン（写2-76、78）
第4章
三協アルミ社（写4-2、7～12、16～18、21、24）
*その他、写真・図版提供は該当キャプションにも記載

編集協力（不具合事例へのアンケート等）
アシストガーデン　インフォメーション住宅産業
池翔　Wing Garden
エクステリア ツナダ　協和通商パーチェフル
近鉄造園土木　グリーンプラザ神戸
京阪園芸　サンホーム
ジービー　東樹園
東神ハウス住設　平山総合
ファミリー庭園　福寿園
峯樹造園　村上造園植木
森忠建設造園　養田造園土木
リップルスペース

一般社団法人 日本エクステリア学会　事務局
〒101-0046 東京都千代田区神田多町2-5 喜助神田多町ビル401
TEL　03-6285-2635　FAX　03-6285-2636
http://es-j.net/　front@es-jp18.net

おさえておきたい
エクステリア工事の不具合事例と対策
アルミ関連製品・照明機器

発行　2023年3月15日　初版第1刷
編著者　一般社団法人 日本エクステリア学会
発行人　馬場 栄一
発行所　株式会社 建築資料研究社
〒171-0014 東京都豊島区池袋2-38-1 日建学院ビル 3F
tel. 03-3986-3239
fax. 03-3987-3256
https://www.kskpub.com/
装丁　加藤 愛子（オフィスキントン）
印刷・製本　シナノ印刷 株式会社

ISBN 978-4-86358-868-4